Traumhafte Modellbahn Anlagen

Herausgegeben
von der MIBA -Redaktion

Genehmigte Lizenzausgabe für Verlagsgruppe Weltbild GmbH,
Steinerne Furt, 86167 Augsburg

Umschlaggestaltung: Christian Strohmayr, Atelier Lehmacher, Friedberg (Bay.)
Umschlagmotiv vorne und hinten: MIBA-Verlag
Gesamtherstellung: Neografia, a.s. printing house,
Skultétyho 1, SK-03655 Martin

ISBN 3-8289-5397-2

2007 2006 2005 2004
Die letzte Jahreszahl gibt die aktuelle Lizenzausgabe an.

Inhalt

Bei jeder Anlagenvorstellung finden Sie einen kleinen Kasten mit drei Symbolen:

steht für die Nenngröße

gibt den Maßstab an

nennt die Spurweite

Ein Wort zuvor

Man mag eine Modellbahn-Anlage als kitschig-niedlich oder als pedantisch-detailliert empfinden – es fällt schwer, sich dem subtilen Reiz der kleinen Bahnwelten zu entziehen. Je nach Gemüts- und Interessenslage geht diese Faszination von den unterschiedlichsten Faktoren aus: Von sanft-hügeligen Miniaturlandschaften mit weidenden Schafen und kleinen Fichtenwäldchen, von romantischen Fachwerkdörfern mit einer Stadtmauer ringsherum, von idyllisch an Bergbächen gelegenen Mühlen und putzigen Bauernhöfen nebst Kuhstall und allerlei landwirtschaftlichem Gerät. Oder von einem großen Dampflok-Betriebswerk mit allem, was dazugehört, von einem Bahnhof mit jeder Menge Zugverkehr, von vielen Gleisanschlüssen mit trickreichen Rangiermanövern, von der raffinierten Technik und makellosen Optik der oft winzigen Eisenbahnmodelle, von der ausgeklügelten Steuerung mit modernsten Digitalbausteinen.

Wie auch immer: Wer einmal vom Modellbahnvirus befallen ist, wird ihn in der Regel nicht mehr los. Eine Modellbahnanlage muss her! Sie zu planen und zu bauen und natürlich mit ihr zu „spielen" – das ist das große Ziel der meisten „Infizierten". Und das Schönste daran ist, dass eine Anlage niemals wirklich fertig wird – und wenn, dann schnellmöglich durch den nächsten Anlagentraum ersetzt werden muss. Denn kaum ein anderes Hobby ist so vielseitig wie die Modellbahnerei: Wer eine Anlage baut und betreibt, ist eine multiple Persönlichkeit: Lokführer und Fahrdienstleiter, Handwerker und Architekt, Elektriker und Landschaftsgärtner, Historiker und Geograf in Personalunion – die Beschäftigung mit der Modellbahn fordert und fördert die unterschiedlichsten Fähigkeiten.

Dieser Band stellt eine Auswahl von wahrlich traumhaften Modellbahn-Anlagen vor, wie sie in den letzten Jahren in der renommierten Fachzeitschrift „MIBA-Miniaturbahnen" erschienen sind. In verblüffender Vielfalt und höchst individueller Ausprägung haben insgesamt 26 Modellbahner oder auch Modellbahnclubs ihre Miniatur-Traumwelten realisiert – mal als großen Traum auf kleinem Raum, mal als in Jahrzehnten realisierten, dachbodenfüllenden Anlagentraum.

Sicherlich ist für jeden Geschmack etwas dabei. Angefangen von der kleinsten betriebsfähigen Modellbahn der Welt im Maßstab 1:220 bis hin zur „großen Miniaturbahnen" im Gartenbahn-Maßstab 1:22,5. Von der Nachbildung der Länderbahnzeit bis hin zum (noch) utopisch wirkenden Schienenverkehr der Zukunft. Von der großzügige angelegten Landschaftsanlage bis hin zum innerstädtischen Gewimmel von Gebäuden, Straßen und Bahnstrecken mit unzähligen Zuggarnituren.

Dass es neben all den prächtigen Bildern noch jede Menge Tricks und Tipps für die Modellbahnpraxis gibt, versteht sich von selbst. Planung und Rohbau, Gestaltung und Betrieb – von den langjährigen Erfahrungen gestandener Modellbahner profitieren nicht nur Hobbyeinsteiger, sondern alle, die vor dem Bau einer Anlage stehen. Oder Sie genießen einfach die traumhaften Aufnahmen von den traumhaften Anlagen – viel Spaß beim Blättern, Schauen und Staunen wünscht

Ihre MIBA-Redaktion

H0

1:87

16,5 mm

Ein Bw für Ibiza!

Ein Leben ohne Modelleisenbahn – unvorstellbar, vor allem natürlich im Ruhestand. Für seinen späteren Wohnsitz auf der Mittelmeerinsel Ibiza baut Dr. Heinz Wilhelm Wolters schon seit Jahren an einer großen H0-Anlage. Räumlichkeiten mit rund 100 qm Fläche stehen im neuen Domizil zur Verfügung. Im ersten Bauabschnitt entsteht ein ausgedehntes Bahnbetriebswerk für Dampf- und Dieselloks und auch der sich anschließende Bahnhof ist im Werden.

Unterbau und Landschaft

Der Unterbau der Anlage entsteht aus Industrieprofilen. Das ist zwar nicht die billigste Lösung, doch die schnellste und tragfähigste. Im Falle eines Falles ist die Anlage begehbar, denn die Anlagenbreite lässt es nicht zu, dass mit den Händen alles erreichbar ist. Das Grundgerüst für das Dampflok-Bw ist schnell aufgebaut, da entsprechend abgelängte Streben nur mit Winkeleisen verschraubt werden und mit der Wasserwaage nivelliert werden müssen. Für den geplanten Umzug ist außerdem Zerlegbarkeit gefordert. Die Stützen werden durchnummeriert und so bleiben die großen Bauteile zusammen. Das Zerlegen und der Wiederaufbau dauert nur wenige Tage, die Trennstellen können leicht kaschiert werden.

Hinter beiden Teilen des Bahnbetriebswerks (für Dampf- und Diesellokomotiven) liegt ein stark bewaldeter Höhenzug. Das ansteigende Gelände wurde teils aus Styropor, teils aber auch mittels Drahtgewebe geformt, auf welches dann dicke, mit verdünntem Weißleim getränkte Papiertücher kamen. Nach einem Tag war alles durchgetrocknet, nun erhielt das Gelände noch einen Überzug aus Gips, den Dr. Wolters nach dem Trocknen noch braun anmalte. Vor dem Gipsen wurden aber noch etliche echte Steine aus dem Gebiet vom Wolfgangsee in das Gelände mit einbezogen – natürlich mit passender Felsstruktur im Maßstab 1:87.

Nach der Grundierung mit brauner Farbe erfolgt Stück für Stück der Auftrag von Weißleim. In die nasse Fläche kam zunächst nur feines Streumehl („Turf") der US-Firma Woodland Scenics. War eine größere Fläche begrünt, erfolgte ein erster Sprühauftrag mit Sprühkleber von Busch. Etwas größere Flocken verschiedener Farben („Coarse Turf") stellen Unkräuter dar. Es folgt ein zweiter und dritter Sprühauftrag, wobei Heinz Wilhelm Wolters auch verschiedene Farben des Turfs benutzt, bis eine stark verunkrautete Wiese oder Waldboden entsteht.

Büsche und Bäume sind zum Teil selbst erstellt. Die Büsche „wuchsen" folgendermaßen: Auf eine Papierfläche kommt eine flache Schicht Coarse Turf, die mit Sprühkleber von Busch übersprüht wird. Dann folgten weitere Lagen Coarse Turf und Sprühkleber. Anschließend vermengte Dr. Wolters das Ganze mit einer zahnärztlichen Pinzette und nahm kleine „Knäuel" davon, die er mit einem Tropfen Weißleim an der entsprechenden Stelle „einpflanzte".

Bestens als Buschwerk eignet sich auch das Material von Heki. Das Laub der gewünschten Farbe wird zu einem Buschwerk geformt und mit Sprühkleber in sich gefestigt. Erst dann wird es an entsprechender Stelle platziert. Viele Büsche der Firma Silhouette kamen bei der letzten Überarbeitung hinzu.

Der Selbstbau von Bäumen ist ja bekanntlich sehr zeitraubend und schwierig. Heinz Wilhelm Wolters griff zu Naturmaterialien. Vor Jahren fand er in seiner zukünftigen Wahlheimat auf Ibiza nahe dem Meer ein Gewächs, dessen feines Astwerk dem eines hiesigen Baumes fast hundert-

Die Behandlungsanlagen für Dieselloks sind räumlich durch eine im Einschnitt geführte Strecke getrennt vom Dampf-Bw, von dem im Vordergrund nur ein paar Gleise zu sehen sind.

Hier werden gerade die Vorräte des Kohlebansens aus Omm-Wagen wieder ergänzt. Daneben die Schwerölversorgung (ganz links).

Die Verteilung der Dieselloks in den Rechteckschuppen übernimmt eine Schiebebühne (links).

Die Abstellgleise neben dem Diesellok-Bw sind den Triebwagen vorbehalten.

Das Reiterstellwerk sichert die Einfahrt zum Hauptbahnhof (links).

Neben der Bekohlungsanlage ist eine Abstellgruppe für Reisezuggarnituren vorhanden, in der auch eine Wagenwaschanlage nicht fehlt (links unten).

Rechte Seite: Eine Augenweide für Dampflokfans ist der 24-ständige Ringlokschuppen.

Fotos: Martin Knaden

prozentig entsprach. Dieses Gewächs schien nur kurze Zeit Blätter zu haben, vielleicht sorgten intensive Sonne und salzhaltige Luft für den frühen Blattverlust. Das Tolle an diesem oft nur 30-50 cm hohen Strauch war die Rinde, die aussah wie die Rinde an unseren heimischen Bäumen. Schnell waren entsprechende kleine Zweige angeschnitten, wobei man durchaus nach entsprechenden Baumformen, also Eichen, Buchen oder Pappeln etc. suchen konnte. Mit etwas Geduld ließen sich diese natürlichen Rohlinge schon finden. Man kann sie dann aber auch am Basteltisch zu Hause zusammensetzen, sodass eine natürliche Baumform entsteht. Mit Sprühkleber wird die Krone nun stückweise eingesprüht und

anschließend kleine Stückchen des Blattwerkes von Silhouette aufgeklebt. Nach ein bis zwei Stunden ist ein toller Baum mit richtiger Rinde fertig.

Gleise und Weichen

Zum Einsatz kommen Weichen von Peco und Gleismaterial von Roco. Alle Weichen und Gleise liegen auf einer 4 mm starken Korkschicht. Der Gleisschotter wurde vor dem Ausstreuen in einem rotbraunen Farbton (mittels Trockenfarbe) eingefärbt. Die entsprechende Farbe bestimmt man am besten anhand einiger „rostiger" Steine von der Bahnstrecke. Nun muss man geeignete Trockenfarben mit dem Schotter so lange mixen und mit dem Originalstein vergleichen, bis die richtige Farbe des Modellschotters erreicht ist.

Nach dem Besprühen des Schotters mit etwas Spülwasser (ist weicher!) wird mittels einer 10-ml-Injektionskanüle Schotterkleber von Asoa aufgebracht. Am besten, man berücksichtigt schon vorher, dass durch den Kleber die gewünschte Farbe nach dem Trocknen etwas dunkler geworden ist. Damit die glänzenden Schienenprofile dazu passen, werden sie mit einer entsprechenden Dispersionsfarbe gestrichen. An den Weichenzungen und an den Stellen, an denen Loks längere Zeit stehen, werden die Gleise mit schwarzer Farbe nass in nass eingefärbt. Abtropfendes Kesselwasser im Bw wird mittels Kunststoffkleber imitiert: Einige Tropfen Kleber in das nasse Gleisbett geben und trocknen lassen – und man erkennt nach dem Abtrocknen Kalkspuren von Kesselwasser.

Das Bahnbetriebswerk

Das eigentliche Thema dieses Anlagenteilstücks ist aber das Bahnbetriebswerk. Nachdem die Gleise und Weichen verlegt waren, hat Dr. Wolters zunächst die Umrisse der Großbekohlungsanlage, des Kohlebansens und der Besandungsanlage auf die Platte gezeichnet. Eine Stellprobe der fertig gestellten Bauteile gibt eine ungefähre Größenvorstellung von den gesamten Behandlungsanlagen.

Nun markiert er die Gleise genau

Überblick über einen Teil der Behandlungsanlagen (Besandung) und die Abstellgruppe für Reisezugwagen. Der Dampfkran ist in voller Aktion und lädt gerade Kabelrollen ab.

Anlagen-Steckbrief

Spurweite:	H0
Baumaßstab:	1:87
Anlagengröße:	Bw -Teilstück 2,80 x 4,10 m, Gesamtanlage 7,50 m x 5,70 m
Thema:	Bw für Dampf- und Dieselloks
Rollmaterial:	alle H0-Hersteller
Gleismaterial:	Gleise von Roco, Weichen von Peco
Epoche:	III

dort, wo später die Untersuchungsgruben und die Entschlackung hinkommen sollen. Die Gleise werden entfernt und Untersuchungs- und Schlackegrube sowie die Gruben für die Lösche mit einer Stichsäge aus der Platte ausgesägt. Die Tiefe dieser Gruben muss dem Vorbild entsprechen, weshalb also kleine Kästen von unten gegen diese Öffnungen geleimt werden. Die so entstandenen Gruben mauert Heinz Wilhelm Wolters mit Kunststoffziegelplatten von Kibri aus und versieht sie je am Anfang und Ende mit einer Treppe. Dann verlegt er wieder die Gleise, nicht ohne jedoch die Mittelteile der Schwellen im Bereich der Gruben wegzusägen.

Im Bereich des Schlackensumpfes werden die Wände, Schrägen und Stützen unter dem Gleis in Betonmanier ausgeführt. Eine entsprechend starke Leiste wird von beiden Seiten mit etwas Gips eingestrichen und glatt gezogen. Auch die dicke Mauer, auf der die eine Kranschiene verläuft, wird als Betonmauer strukturiert. Hier legt Dr. Wolters mehrere kleinste Balsaholzbrettchen untereinander und verbindet sie mit einem Querhölzchen, das gleichzeitig als Griff fungierte. Bevor der Gips ganz ausgehärtet ist, drückt er nun das Brettchen in die noch feuchte Masse, sodass eine Schalungsstruktur entsteht. Den Abschluss bilden auch hier wieder Malerarbeiten. Schließlich muss alles schön verrußt aussehen …

Die Untersuchungsgruben erhalten Spuren von abtropfendem Öl und Kesselwasser. Überall liegen echte Kohlebrocken herum, in den Schlackensumpf kommt sogar eine echte Schicht Schlacke. Mehrere Gelenkwasserkräne, große Ständer mit Geräten zum Schlackeziehen und einige Bw-Figuren geben allem das notwendige Flair.

Die Großbekohlung besteht aus zwei Bausätzen von Vollmer (Nr.

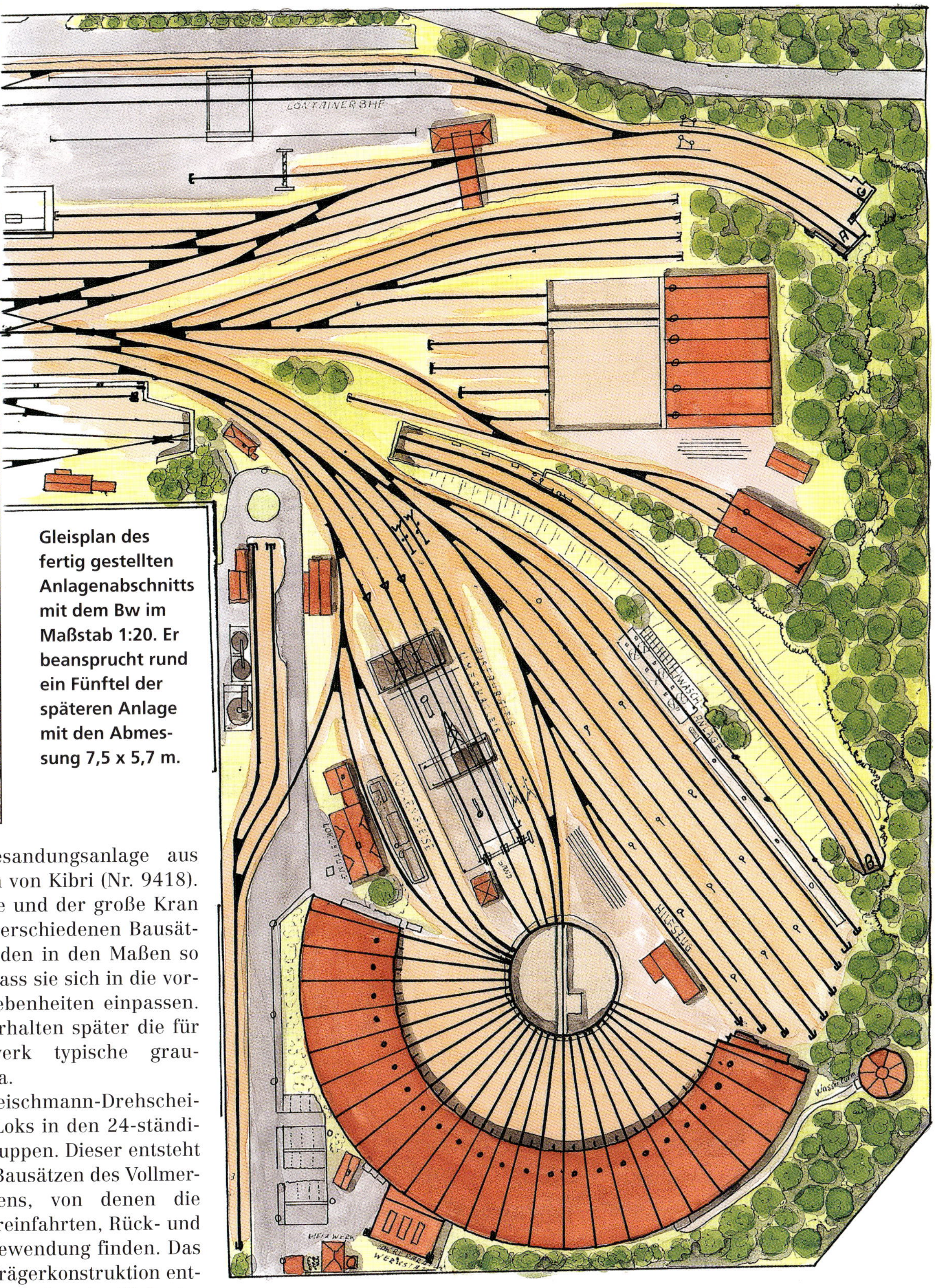

Gleisplan des fertig gestellten Anlagenabschnitts mit dem Bw im Maßstab 1:20. Er beansprucht rund ein Fünftel der späteren Anlage mit den Abmessung 7,5 x 5,7 m.

5722), die Besandungsanlage aus zwei Bausätzen von Kibri (Nr. 9418). Die Kranbrücke und der große Kran stammen aus verschiedenen Bausätzen. Diese wurden in den Maßen so abgewandelt, dass sie sich in die vorhandenen Gegebenheiten einpassen. Alle Bauteile erhalten später die für ein Betriebswerk typische grauschwarze Patina.

Über eine Fleischmann-Drehscheibe fahren die Loks in den 24-ständigen Ringlokschuppen. Dieser entsteht aus mehreren Bausätzen des Vollmer-Ringlokschuppens, von denen die zahlreichen Toreinfahrten, Rück- und Seitenwände Vewendung finden. Das Dach und die Trägerkonstruktion entstehen in Eigenarbeit unter Einbeziehung etlicher (mehr oder weniger abgewandelter) Bausatzteile. Der Hallenboden wird bereits vor der Dacheindeckung mit Ziegelmauerwerk gestaltet und mit Betriebsspuren versehen. Die Lokleitung entsteht schließlich aus zwei Bausätzen des Kibri-Bahnhofs „Eschbronn".

Nach 20 Jahren Bauzeit wurde der Bauabschnitt mit dem Bahnbetriebswerk inzwischen abgeschlossen. Der nächste Anlagenteil ist schon in Arbeit und stellt den siebengleisigen Hauptbahnhof mit ausgedehnten Gleisvorfeldern auf einer Länge von ca. acht Metern dar. Die Fertigstellung wird schon in naher Zukunft erfolgen – hoffentlich …

N

1:160

9 mm

Trennungsbahnhof im Mittelgebirge

Hochbetrieb im Bahnhof „Altburg": Dampf- und Dielselloks sowie Triebwagen dominieren das Geschehen vor der romantischen Altstadtkulisse.

Optimaler und störungsfreier Betrieb im Maßstab 1:160 – ein schwieriges Unterfangen. Rolf Knipper beweist mit seinem schon vor sechs Jahren begonnenen Anlagenprojekt das Gegenteil. Er hat ohne konkretes Vorbild einen Trennungsbahnhof zweier Haupt- und einer Nebenbahn nach möglichen Vorbildern im hessischen Bergland projektiert. In der gewählten Epoche III fanden sich gerade an solchen mittelgroßen Stationen vielerorts noch umfangreiche Bw-Anlagen. Sie waren erforderlich zur Zugbildung, bevorzugt im Güterverkehr, und zur Beschickung der damals betriebsintensiven Nebenbahnen.

Alles dreht sich im Grunde um eine Y-förmige doppelgleisige Streckenverzweigung, in deren „Zwickel" das Bahnbetriebswerk Platz findet. An der anderen Ausfahrt fädelt sich die eingleisige Nebenbahn ein. Ihre Personenzüge enden an Kopfgleisen seitlich des Empfangsgebäudes, während sich der Güterverkehr die Gleisanlagen der Hauptstrecke teilt. Damit ist dort die Grundlage für die Abwicklung eines umfangreichen Verkehrs geschaffen.

Aber auch die Nebenstrecke selber ist in ganzer Länge auf der Anlage vorhanden. Sie endet in einem Spitzkehrenbahnhof, von wo eine weitere Strecke in ein verstecktes Abstellgleis abzweigt. Diese Strecke führte angenommermaßen ursprünglich sogar zweigleisig weiter, wurde aber aus verkehrspolitischen Gründen gekappt – auch das gab es bereits in den 50er- und 60er-Jahren! Jetzt zeugt noch das verfallende Tunnelportal von einst besseren Tagen. Um den Güterverkehr auf dieser Nebenstrecke aufzuwerten, führt ein längeres Anschlussgleis zu einem Schotterwerk. Zudem werden in Mittelstadt, wie der kleine Endbahnhof heißt, zusätzlich noch Mittelcontainer zur Versorgung der hiesigen Kleinbetriebe umgeschlagen.

Es gab also jede Menge von Motiven, die es umzusetzen galt. Auch

Links eine gute Gesamtübersicht des „Bf Altburg". Auf der unteren Ebene erkennt man die elektrifizierte Paradestrecke.

Das Empfangsgebäude für Altburg lieferte Vollmer. Im Vordergrund rangiert eine Köf auf den durchgehenden Gütergleisen der Hauptstrecke.

Fotos: Rolf Knipper

ALTBURG
ALTBURG
ALTBURG
ALTBURG
ARAL

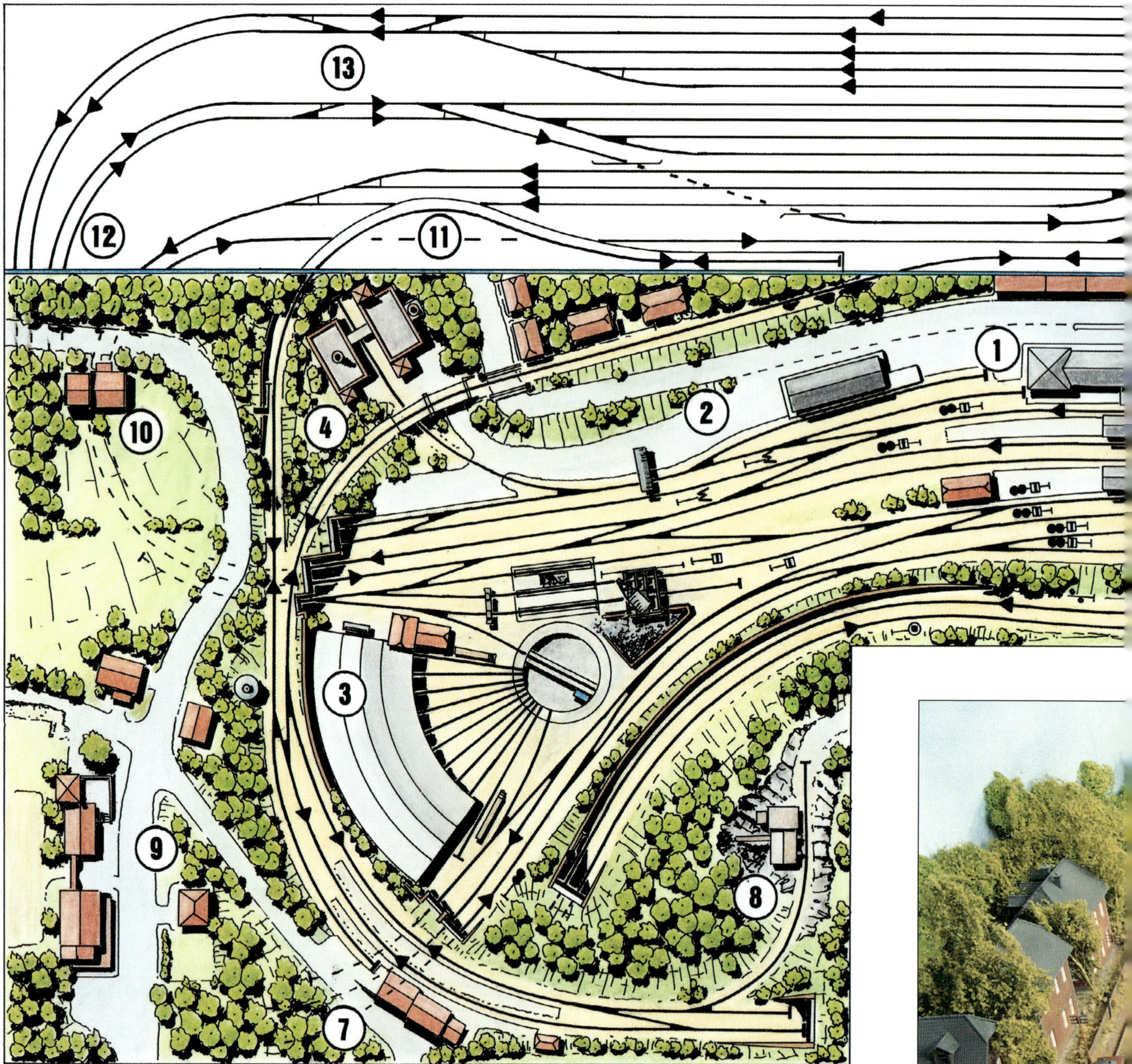

waren die vorgegebenen Maximalausmaße der Anlage mit 5 x 2 m selbst für die Baugröße N nicht gerade üppig ausgefallen. Dennoch ist es gelungen, eine harmonische Einbettung der Modellbahn in die Modelllandschaft zu erzielen, die Strecken aus der Betrachterebene heraus zu trassieren und die Kleinstadt „Altburg" halbreliefartig zu gestalten.

Planung und Unterbau

Nach der Maxime „die Landschaft zuerst" konzipierte Rolf Knipper zunächst die Streckenführungen auf

1 Empfangsgebäude „Altburg"
2 Ortsgüteranlage „Altburg"
3 Bw
4 Werksanschluss
5 Stadthauszeile in Halbreliefbauweise
6 Altstadt mit Wehrtürmen
7 Bahnhof „Mittelstadt"
8 Steinbruch mit Gleisanschluss
9 Dorf mit Landmaschinenwerkstatt
10 Kirchberg
11 Abstellbahnhof „Karlsdorf"
12 Steigungs- und Rundstrecke
13 Ein- und Ausfädelungen
14 Kreuzungsbahnhof „Heinzingen"
15 Schattenbahnhof der oberen Strecke
16 Schattenbahnhof der unteren Strecke

Dieses Bild entstand unmittelbar nach der Fertigstellung, anfangs noch mit einem analogen Gleisbildstellpult. Im rechten Teil ist die abzweigende Hauptstrecke in Höhe des Bw „Altburg" zu erkennen. Die Kulisse deckt links den nach hinten offenen Schattenbahnhof ab.

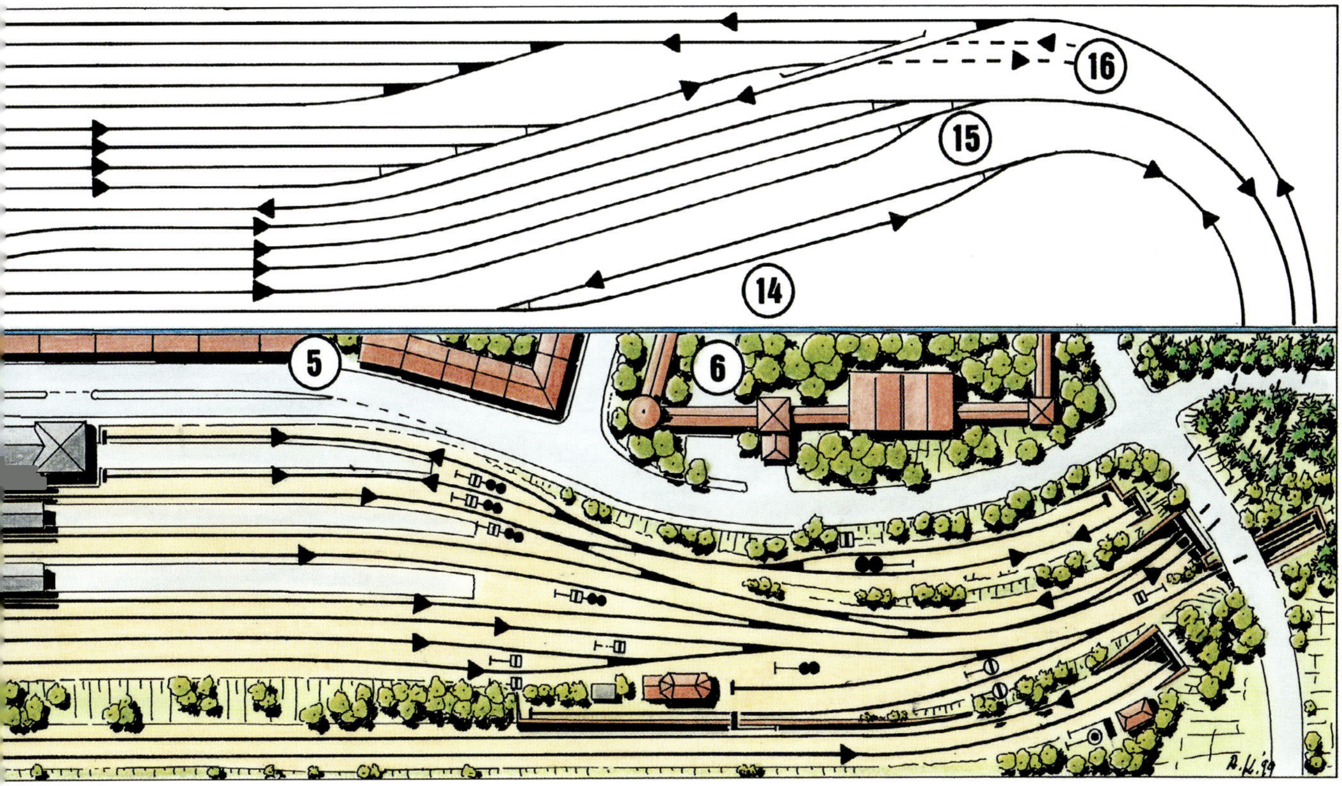
16
15
14
5
6

drei Ebenen. Die untere sollte elektrifiziert sein und stellt im Grunde die Paradestrecke in Ovalform dar. Zudem gibt es im hinter der Kulisse liegenden Schattenbahnhof eine Wechselmöglichkeit zur oberen (zweiten) Ebene in Form von Rampenstrecken. Auf dieser Ebene befindet sich der zweite sechsgleisige Schattenbahnhof. In der erwähnten Ovalstrecke platzierte er im sichtbaren Bereich den Hauptbahnhof „Altburg“. Die abzweigende Verbindungsstrecke zum Steigungsbereich auf der linken Anlagenseite fasst das Bw keilförmig ein. Die Drehscheibe von Arnold und der neunständige Fleischmann-Ringschuppen bilden dort die sichtbaren baulichen Schwerpunkte. Viel Platz für die Behandlungsanlagen blieb nicht; dennoch kam die Großbekohlungsanlage von Kibri zum Einsatz, wenn auch der Bansen dreieckig modifiziert werden musste. Und die Ortsgüteranlage durfte ebenso wenig fehlen wie ein Werksanschluss.

Der linke Anlagenteil wurde komplett mit Landschaft auf der dritten Ebene erstellt. Auch die zentrale Spannungsversorgung fand hier Platz; durch Abnehmen des Landschaftsstücks ist sie jederzeit gut zu erreichen. Im rechten Anlagenteil vereinigen sich die beiden Hauptbahnlinien, und nur die Nebenstrecke zweigt deutlich in den Steigungsbereich zur dritten Ebene ab. Sie verschwindet in der Kulisse und taucht hinter einer Halbreliefhäuserzeile wieder auf. Reichlich Bewuchs deckt die Öffnung in der Kulisse ab.

Der gesamte Unterbau der Anlage besteht aus 10-mm-Sperrholz. Insgesamt entstanden einschließlich der Schattenbahnhöfe sieben Teilelemente in verschiedenen Größen. Die Durchfahrtshöhe der Ebenen beträgt 5 cm. Das ist nicht sehr viel – vor allem bei Wartungsarbeiten. Daher hat Rolf Knipper zahlreiche Arbeitsöffnungen vorgesehen um an

unzugängliche Bereiche heranzukommen. Ein überbauter Abstellbahnhof wäre ein Albtraum!

Gleise und Ausgestaltung

Im sichtbaren Bereich hat Rolf Knipper Peco-Weichenmaterial mit 2 mm Profilhöhe verlegt. Die Flexgleise stammen von Roco und harmonieren bestens mit den Peco-Weichen. Im Schattenbahnhof kamen ausschließlich 15-Grad-Weichen von Roco mit endabgeschaltetem Antrieb zum Einsatz. Die Unterflurantriebe der Peco-Weichen entstanden aus modifizierten Roco-Relais.

Die Mittagspause ist beendet und der Fahrer erklimmt wieder den Führerstand seines Baggers. Die Baufahrzeuge findet man im Programm von Marks.

Die Ortschaft „Mittelstadt" besteht nur aus einigen wenigen Gebäuden, trotzdem wirkt das Motiv überzeugend – weniger ist manchmal doch mehr!

Der tägliche Güterzug mit Doppelbespannung steht zur Ausfahrt bereit. Zuvor wird aber der Schienenbus den kleinen Bahnhof verlassen

Auf eine spezielle Geräuschdämmung wurde verzichtet; die relativ leichten 1:160-Maschinchen laufen auch nach dem Einschottern eher auf „Samtpfoten“ und das Abrollgeräusch eines N-Wagenparks hält sich wohltuend in Grenzen. Die Gleisstücke wurden mit kleinen Stiften aus dem Schiffsmodellbau ausgerichtet und aufgenagelt, Profile und Schwellen anschließend mit Dispersionsfarben nass in nass graubraun eingefärbt.

Das Schottermaterial stammt von Fleischmann. Es wurde mithilfe einer Filmdose lose aufgestreut und anschließend mit einem weichen Pinsel in Form gebracht. Anschließend hat Rolf Knipper den gesamten Oberbau mit einer Blumenpritze angefeuchtet. Man sollte dem Wasser zur Fließverbesserung etwas Spülmittel oder „Agepon“ – einem völlig unbedenklicher Weichmacher aus dem Fotobedarf – beimischen. Seinen endgültigen Halt bekam das Schotterbett dann durch wasserverdünnten Weißleim (vier Teile Wasser auf einen Teil Weißleim), der mit einer Einwegspritze aufgetragen wird. Nach dem Trocknen können die Gleise mittels Farbpuder, vorwiegend in Rostbraun, optimiert werden.

Digital durchstarten

Als Digitalsteuerung kam für die Baugröße N aufgrund der lieferbaren sehr kleinen Lokdecoder nur Selectrix in Frage. Besetztmelder und Funktionsdecoder waren vorhanden, ein vorbildliches Handsteuergerät (Control-Handy), Interface und eine gescheite Zentrale mit höchstem Fahrkomfort ebenso. Der Nachteil: Man ist im System gefangen, NMRA-(DCC) oder Motorola-Komponenten können keine Verwendung finden. Der nächste Schritt war die Integration des Computers. Denn ein Automatikbetrieb ist unter Verwendung der üblichen Komponenten nur bedingt und sehr beschränkt möglich. Auf der Suche nach einem geeigneten Programm stieß Rolf Knipper auf SoftLok von W. Schapals (Mindelheim). Die Referenzen waren viel versprechend und die ersten Programmierversuche verliefen erfolgreich. Aber es dauerte rund zwei Wochen, bis auch die Anlage „mitspielte“ …

Digitaler Fahrkomfort, ob nun mit oder ohne Computer, ist auf herkömmlichem Wege nicht zu erreichen. Allerdings kann kein Lokdecoder der Welt mechanische Schwächen der Triebfahrzeuge ausgleichen.

Das Bw Altburg fand Raum in der dreieckigen Fläche zwischen den Hauptbahnen und der Nebenstrecke auf der oberen Ebene. Geradezu zwingend und Platz sparend ließen sich hier die Arnold-Drehscheibe und – daran anschließend – die Bekohlungsanlage unterbringen.

Anlagen-Steckbrief

Spurweite:	N
Baumaßstab:	1:160
Anlagengröße:	5,00 x 2,00 m
Thema:	Trennungsbahnhof zweier Haupt- und einer Nebenbahn im hessischen Mittelgebirge, großes Bw, Nebenbahn-Endbahnhof
Rollmaterial:	Arnold, Fleischmann, Minitrix, Roco
Gleismaterial:	Peco, Roco
Epoche:	III

H0m

1:87

12 mm

Mit Bahn und Schiff zum Königsschloss

Das Königsschloss „Herrenchiemsee“ ist zwar nicht zu sehen – dazu ist das hier vorgestellte Betriebsschaustück bei einer Fläche von eineinhalb Quadratmetern denn doch zu klein. Aber den Bahnhof Stock am Chiemsee als „Schnittstelle“ zwischen der nostalgischen Kleinbahn und der Dampferanlagestelle hat Klaus Möntenich minuziös nachgebildet.

„Der große Reiz des neuen Bauvorhabens lag für mich im Zusammentreffen der schönen alten Dampfbahn mit dem nicht ganz so alten Dampfschiff und damit in der Notwendigkeit alles selbst bauen zu dürfen“, so der Erbauer, dem „Grundstück“ von nur 2,05 x 0,65 m zur Verfügung stand. Zunächst besorgte er sich aus dem Freiburger EK-Verlag die einschlägige Broschüre von Markus Hehl mit den Fahrzeugzeichnungen und weiteren wichtigen Bildern und Hinweisen.

Fehlte noch der Raddampfer. Beim Lokaltermin an einem herrlichen Frühsommertag 1999 erstand Klaus Möntenich bei der Schifffahrtsgesellschaft die Blaupausen des Dampfers „Ludwig Fessler“, Baujahr 1926. Für die nächsten drei bis vier Monate hatte er damit gut zu tun. Denn aus dem Handel stammen an Fertigteilen lediglich die Rettungsringe, das Rad des Steuerruders und die diversen Figuren. Mit der Schiffsgröße ergab sich auch die Minimalgröße des Hafenbeckens.

Darstellungszeitraum sollten die Sechzigerjahre werden. Damals fuhr das Schiff noch mit Dampf und Kohle. Also musste auch der Kohlenladesteg mit dem später abgebauten Kohlenladegleis dargestellt werden. Wichtig war dem Erbauer auch die urige Schiebebühne zur Bedienung der Schuppengleise, auf denen der Wagenpark überwintert. Da sich die Preiser-Figuren strikt weigerten die Bühne von Hand zu verschieben, war er sogar gezwungen, eine „händische“ Fernbedienung von der Frontseite der Anlage her einzubauen. Hier

Fotos: Klaus Möntenich

Das Dampfschiff „Ludwig Fessler" wartet auf den herannahenden Zug um noch eine Ladung Touristen aufzunehmen.

Der Bahnhof aus der Vogelperspektive. Durch die Ausrundung zwischen Gießharzsee und Hintergundkulisse ist der Übergang perfekt getarnt.

Beim Verlassen des Geländes grüßt noch einmal das Transparent der Chiemsee-Schifffahrt am Eingang.

sind auch die mechanischen Weichen- und Entkupplerbedienknöpfe versenkt angebracht. Außerdem sind noch ein paar Schalter für abschaltbare Gleisabschnitte vorhanden.

Außer Remise und Wellblechschuppen wurde auf weitere Gebäude verzichtet. Das Dach der Werfthalle ist nur auf der Kulisse – hinter einer Landzunge mit Kopfweiden – dargestellt. Die Berge auf dieser Kulisse sind, stark überhöht, nach einer Panoramaaufnahme aufgemalt. Die größte Schwierigkeit war wohl der Übergang vom „Kunstharzsee“ zum gemalten See. Ein scharfer Übergang hätte die Illusion vollständig zerstört. Ich habe mich an dieser Stelle zu einer kleinen Hohlkehle entschlossen, die die optische Störung doch erheblich abmildert.

Damit Zugfahrten – immer Lok voraus – überhaupt möglich sind, wurde ein „Fiddle Yard“ angebaut. Dieser ist nur ca. 80 cm lang und wird durch ein Tunnelloch in der rechten Seitenkulisse erreicht. Eine Fichtengruppe davor tarnt die Öffnung. Der Zug fährt auf dem vorderen Gleis ein, die Lok wird abgekuppelt und fährt auf eine kleine Schiebebühne. Mit dem Hebel in der Mitte der Vorderwand wird die Schiebebühne nach hinten bewegt. Die Schiebebühne am Eingang des Fiddle Yard wird dabei über ein Koppelgestänge mitbewegt, sodass die Lok auf dem zweiten Gleis nach dort fahren kann, wieder verschoben wird und für die Rückfahrt an der Zugspitze ankuppeln kann. Mit Fahrstrom wird natür-

Das Umsetzen wird für einen kurzen Aufenthalt in der Remise unterbrochen. Das linke Schuppengleis ist auf direktem Weg zu erreichen, während …

… die anderen Gleise über eine Schiebebühne erreicht werden können. Hier werden die Wagen im Winter untergestellt. Wagen und Bühne entstanden im vollständigen Eigenbau.

Bis das Schiff ablegt, können sich die Passanten noch eine Kleinigkeit am Kiosk kaufen. Dahinter ist das Dach der Werfthalle zu sehen, welche nur auf der Hintergrundkulisse angedeutet werden konnte.

Die „Ludwig Fessler" in ihrer ganzen Pracht. Durch die vielen Details wirkt die Szene sehr realistisch. Insbesondere die Bänke mit ihren einzelnen Latten wirken sehr filigran.

Nach dem Aufenthalt steht der Zug mit der kleinen Kastenlok an der Spitze wieder bereit zur Rückfahrt. Auch das Dampfschiff wird jeden Moment zur Insel Herrenchiemsee ablegen.

Anlagen-Steckbrief

Spurweite:	**H0m**
Baumaßstab:	**1:87**
Anlagengröße:	**2,05 x 0,65 m**
Thema:	**Hafenbahnhof Stock der Chiemseebahn**
Rollmaterial:	**selbst gebaut**
Gleismaterial:	**Bemo**
Epoche:	**III**

lich immer nur das Gleis versorgt, an welchem die Schiebebühnen stehen.

Der Bau einer Lok, von neun Personen- und zwei Güterwagen nahm immerhin fast drei Jahre Arbeitszeit in Anspruch! Ein „Faulhaber"-Motor (1319) hat mit List und Tücke in der Lok Platz und treibt sie über ein Schnecken-Stirnradgetriebe (1:65) an. Die kniffligste Arbeit an diesem Lökchen war wohl die bewegliche Allan-Steuerung, bei der die Exzenterscheiben auf zwei Drähten (Durchmesser 0,4 mm) mit einem Mittenabstand von 0,6 mm auf der Gegenkurbel befestigt wurden.

Die Wagen laufen auf Speichenradsätzen in Achslagerbrücken von Bemo. Im Wagenverband verwende ich die echten Schmalspurkupplungen mit „Kuppeleisen" desselben Herstellers. Diese werden an einem Wagen mit dem zugehörigen Kuppelbolzen abgesteckt, am anderen Wagen stecke ich einen Drahthaken mit 0,7 mm Durchmesser durch. In die Endwagenkupplungen habe ich lokseitig kleine Haken eingesteckt. Damit können die Drahtbügel der in der Lok eingebauten Roco-H0e-Kupplungen kuppeln. Da der eigentliche Wagenverband nicht gelöst wird, ist dieses Verfahren ein tragbarer Kompromiss zwischen Optik und Modellfunktion. Ganz zufrieden bin ich mit meinen nach Altvätersitte gebauten Wagenkästen nicht. So habe ich professionelle Hilfe und die Segnungen der modernen Ätztechnik in Anspruch genommen und werde die neun Personenwagen noch einmal mit geätzten Kästen bauen.

Bahn und Kahn – eine gelungene Mischung aus wasser- und schienengebundener Dampftechnik.

Die Mitte des Schiffes überzeugt durch die minuziös nachgebaute Radschaufel, den authentischen Schriftzug und die vielen kleinen Details wie Rettungsboote und -ringe.

① Kohlenladebrücke mit Gleis
② Hafenbecken
③ Wagenremise mit Lokschuppen
④ Wagen-Schiebebühne
⑤ Lokgleis
⑥ Fiddle Yard
⑦ Gekoppelte Schiebebühnen
⑧ Kulisse
⑨ Parkplätze

Hafenbahnhof Stock der Chiemseebahn

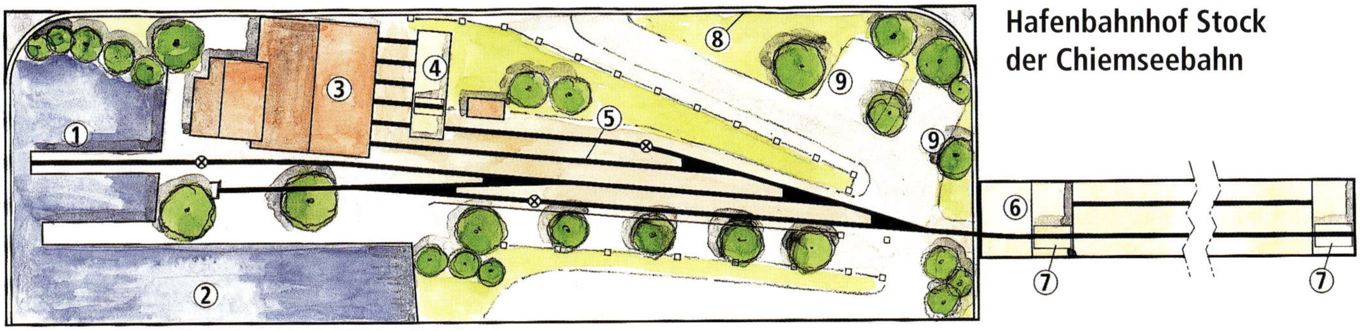

H0

1:87

16,5 mm

„Old Germany" in Kanada

Mit „amerikanisch viel Platz" baute der Kanadier Geoff Money eine H0-Anlage nach DB-Vorbild! Zeitlich ist sie gegen Ende der Epoche III, Anfang der Epoche IV einzuordnen. Natürlich kommt die Romantik nicht zu kurz – mit Fachwerkhäusern und allem, was sonst noch dazugehört.

Als Geoff Money sich vor rund 20 Jahren entschloss, in Kanada eine H0-Anlage im deutschen Stil zu bauen, schwebte ihm vor allem eine realistische Modellbahn vor. Beiträge in deutschen Magazinen wie „MIBA-Miniaturbahnen" inspirierten ihn – und das trotz seiner geringen Deutsch-Kenntnisse. Doch warum sollte man nicht ausschließlich durch das Studieren der Abbildungen lernen können? Und den Namen „Altburgbahn" wählte Mr. Money, weil er eine Vorliebe für Burgen hat und „Altburg" zu einem deutschen Fachwerkstädtchen passt. Das Anlagenkonzept beruht auf einer Mischung aus Realität und Fiktion in einem ungefähren Zeitrahmen von 1965 bis 1970 – also im Übergang von Epoche III zu IV mit ein paar Oldtimern und ein bisschen „dichterischer Freiheit".

Die Anlage entwickelte er parallel zu den eigenen Erfahrungen und Ansprüchen. Der Anlagenteil „Altburg" wurde vollkommen umgebaut um von der ursprünglichen an einen Teller voll Spagetti erinnernden Gleisführung wegzukommen. Erweiterungen der Anlage führen nach „Altbach" und „Kottenforst", wo auch Platz für eine Schmalspurbahn (H0e) ist. Neuerdings ist noch eine Zahnradstrecke hinzugekommen.

Die Vergrößerung der Anlage ermöglichte auch gleich die Eliminierung so mancher Fehler und Ungereimtheiten. Was an der ursprünglichen Gleisführung störte, waren Züge, die in Tunnels verschwanden um unmittelbar darauf in entgegengesetzter Richtung wieder zu erscheinen. Eine „scharfe Kurve" wird auf diese Weise – obwohl sie natürlich

Auf freier Strecke geht es drunter und drüber – durchaus realistische Szenen, in denen Bahn-Kunstbauten die Hauptrolle spielen. Die Brücken enstanden aus individuell angepassten Bausätzen der Firma Kibri.

Fotos: Geoff Money

Der Uerdinger Schienenbus VT 98 verlässt gerade sein Bahnsteiggleis auf Signal Hp 2. Das großzügige Weichenvorfeld des Bahnhofs „Altburg" verdankt einen Teil seiner Wirkung den unterschiedlichen Weichenwinkeln.

Links ein Blick in die Altstadt von „Altburg", rechts diverse Industriebetriebe in „Altbach".

Das große Bahnbetriebswerk verfügt über alle notwendigen Behandlungsanlagen; im Vordergrund steht der Hilfszug bereit. Die lange Fußgängerbrücke (links) dient auch als optischer Abschluss des großzügig gestalteten Bahnhofsareals.

verdeckt angelegt ist – erst recht offenkundig!

Im Laufe der Zeit kam Geoff Money auf die Idee, Automatikbetrieb mittels Roco-Relais einzurichten. Dabei werden verdeckt eingebaute Atlas-Weichen über SRKs gesteuert. Die sichtbaren Weichen stammen von Peco, das H0e-Schmalspurgleis von Roco. Während der Bauphase wurden fortlaufend Verbesserungen bei der äußeren Gestaltung durchgeführt. So erhielt die Landschaft vorbildgerechtere Grüntöne, realistischere Hintergründe sorgten für einen gelungenen Anlagenabschluss. Letztere entstehen nach einem Verfahren, das in Anlehnung an den Begriff „Kit-bashing“ als „Cut-bashing“ (zu deutsch etwa „Ausschneide-Verschnitt“) bezeichnet werden kann. Dabei werden in der Perspektive passende Katalogbilder oder auch geeignete Kalenderfotos zusammen mit handelsüblichen Hintergrundkulissen (etwa von Faller, MZZ, Vollmer) verwendet.

Anlagen-Steckbrief

Spurweite:	H0
Baumaßstab:	1:87
Anlagengröße:	ca. 5,70 x 7,80 m
Thema:	kein konkretes Vorbild, Eisenbahn in Deutschland in den späten 60er-Jahren
Rollmaterial:	alle H0-Hersteller
Gleismaterial:	Roco, Peco
Epoche:	III – IV

Auch der VT 18 der DR kommt – als Sonderfahrt – nach „Altburg".

Beeindruckende Brückenbauwerke auf dem neueren Teil der Anlage. Das oberste entstand mittels „Kit-bashing" aus handelsüblichen Bausätzen.

Faszinierend ist der Überblick über die Bahnhofsausfahrt und das Betriebswerk von „Altburg“. Die Blickrichtung ist hier entgegengesetzt zum großen Foto drei Seiten zuvor …

Der Bahnhof „Kottenforst“ verfügt über einen prächtigen Güterschuppen (rechts im Vordergrund) und einen großzügigen Bahnhofsvorplatz, an den sich ein malerisches Kloster anschließt.

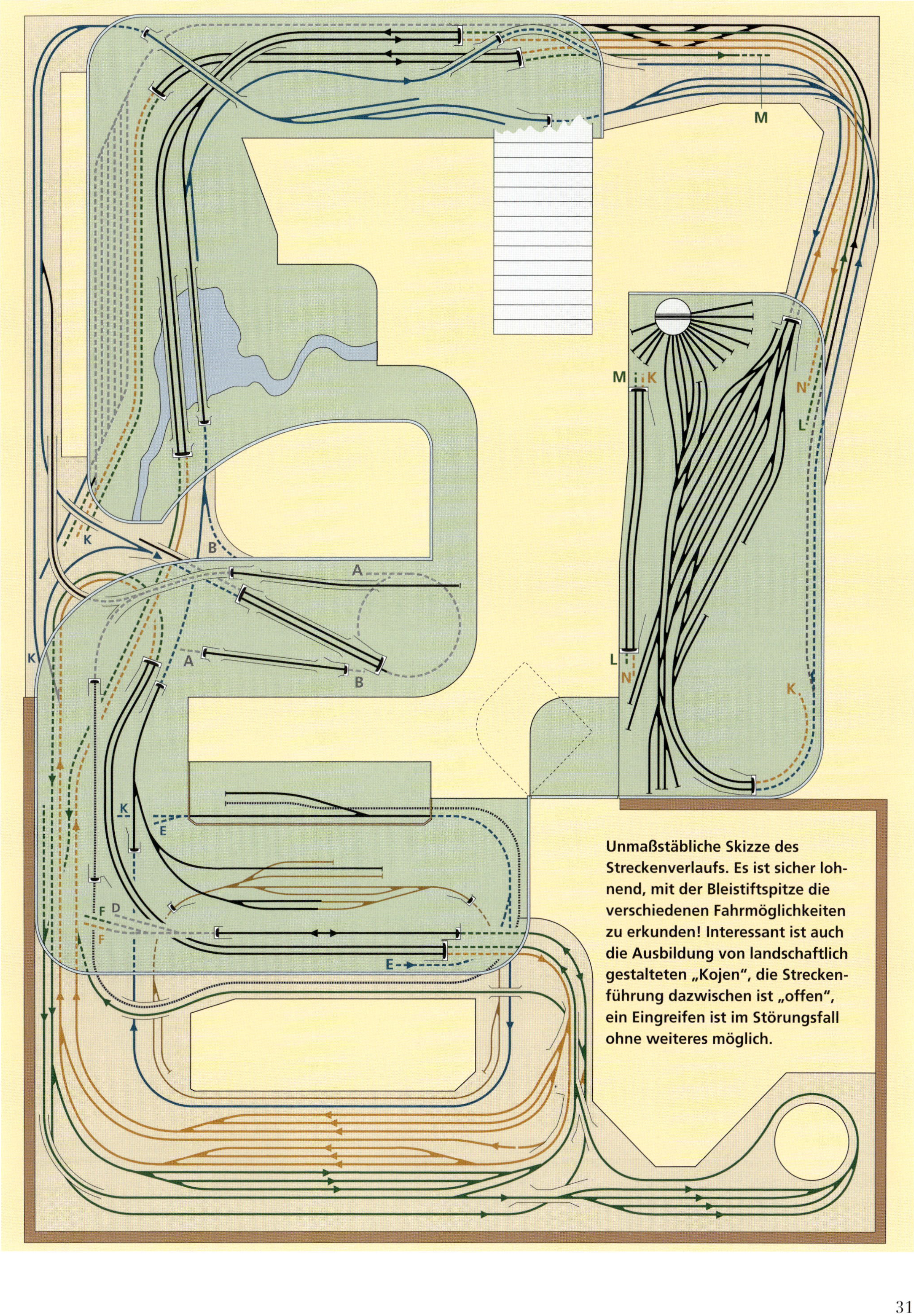

Unmaßstäbliche Skizze des Streckenverlaufs. Es ist sicher lohnend, mit der Bleistiftspitze die verschiedenen Fahrmöglichkeiten zu erkunden! Interessant ist auch die Ausbildung von landschaftlich gestalteten „Kojen“, die Streckenführung dazwischen ist „offen“, ein Eingreifen ist im Störungsfall ohne weiteres möglich.

H0

1:87

16,5 mm

Eine Reise ins Oberpfälzer Hinterland

Eine U-förmige, erweiterungsfähige H0-Anlage in Modulbauweise nach Motiven aus Ostbayern, mit zwei Stationen, die so angelegt sind, dass genügend Betriebs- und Rangiermöglichkeiten für die Lokalbahnzüge vorhanden sind – das klingt zunächst wenig spektakulär. Doch Roland Käs baute seine Anlage im Stil der Länderbahnzeit und dementsprechende Fahrzeuge verkehren auch.

Alles begann mit einer grünen D XI von Trix, die ein Bekannter mit der Bemerkung auf den Wohnzimmertisch von Roland Käs stellte, der örtliche Fachhändler habe noch ein Exemplar in der Vitrine. Das war der Beginn der „Epoche-I-Infektion“ – schon am Abend war er stolzer Eigentümer der D XI. Und angeregt durch allerlei Artikel in Büchern und Fachzeitschriften entdeckte er die Welt der Länderbahnen …

Thematisch leicht entlegen

Thema der Anlage ist eine fiktive Lokalbahn im Oberpfälzer Grenzgebiet kurz vor Ausbruch des Ersten Weltkrieges. Das Arrangement besteht aus 13 Teilen, von denen sechs ständig im Modellbahnzimmer aufgebaut sind. Sie bilden eine U-förmige Anlage mit den Außenmaßen 3,50 m x 2 m. Der Zwischengang ist 80 cm breit. Die Schienenoberkante liegt 122 cm über der Fußbodenhöhe. Die restlichen sieben Teile der Anlage werden an Betriebstagen innerhalb einer halben Stunde zusammengebaut und führen aus dem Modellbahnzimmer über einen Flur ins Schlafzimmer. Die reine Fahrstrecke von „Riglasreuth“ nach „Hundsbach“ beträgt somit 15 Meter (einfach).

Mit sommerlichen Unterbrechungen betrug die Bauzeit knapp vier Jahre, in denen sich mit fortschreitendem Stadium auch die Bautechniken weiterentwickelten. Die beiden ersten Segmente, der Bahnhof „Steinmühle“, bestehen noch aus 18 mm starkem Leimholz und sind aufgrund ihrer Größe (je 140 cm x 60 cm) nur mit zwei Personen zu bewegen. Die Teile des letzten Bauloses wurden aus 25 cm breiten Hartschaumplatten gebaut und mit 4 mm dünnem Sperrholz verkleidet. Diese Bauweise hat sich bestens bewährt, ist preisgünstig und leichter zu bearbeiten als Holz.

Das Gleismaterial besteht zum größten Teil aus Roco-Line-Flexgleis mit 10°- und 15°-Weichen. Gerade die langen 10°-Weichen sind im optischen Eindruck wohl nur noch durch Selbstbauweichen zu übertreffen, benötigen aber durchwegs Herzstückpolarisation. In Anlehnung an die als Vorbild gewählte Epoche ist keine ausgefeilte Elektrik und schon gar keine Elektronik vorhanden. Einzig der Fahrstrom wird über eine reichlich dimensionierte Haushaltsleitung eingespeist.

Als Stromquelle dient ein alter Märklin-Trafo, an den ein Fahrregler von SB-Modellbau angeschlossen ist. Die Weichenstellung erfolgt manuell über Zugstangen und auch das einzige Signal der Anlage (natürlich unbeleuchtet) wird durch Handkurbel und Gewindestab gestellt. Sieben kleine Halogenlampen, die es als Weihnachtssonderangebot im Baumarkt gab, leuchten die Anlage aus.

Rollendes Material

Der Fuhrpark der Lokalbahn von Roland Käs ist überschaubar klein: eine bayrische Personenzuggarnitur, die aus zwei kurzen Lokalbahnwagen und einem Packwagen mit Postabteil besteht. Zur Verstärkung gibt es noch einen langen Lokalbahnwagen. Dieser Zug wird als PmG gefahren, sodass bei jeder Zugfahrt noch einige der etwa 25 Güterwagen angehängt werden. Jeder Waggon ist mit RP25-

Fotos: Uwe Stehr

Die massive Steinbrücke kurz vor „Hundsbach“; der PmG, gezogen von einer bayerischen Lokalbahntenderlok GtL 4/4, ist gerade auf dem Weg zum Endbahnhof.

Links ein Blick in die Kistenfabrik Goldstein in „Hundsbach“. Angelieferte Bretter werden hier zu Kisten und Fässern verarbeitet.

Das Empfangsgebäude „Hundsbach". Das Modell ist ein Eigenbau, der Güterschuppenanbau stammt vom Kibri-Bausatz „Reichelsheim".

Ein Pferdefuhrwerk wird mit Stückgut aus dem gedeckten Güterwagen beladen, ein weiteres Fuhrwerk wartet noch auf die Beladung.

Radsätzen, Federpuffern und Originalkupplungen ausgerüstet und gealtert. Auch der kleinste Radius (65 cm, nur an einer Stelle) wird mit diesen Garnituren ohne Probleme durchfahren. Als Zugloks fungieren eine D XI, eine BB II und eine GtL 4/4, jeweils mit Glockenankermotor.

Vor allem die GtL 4/4, die von der Firma Euromodell eine führerhausfüllende Schwungmasse erhalten hat, verfügt über geradezu traumhafte Fahreigenschaften. Selbst bei (maßstäblich umgerechneter) Schrittgeschwindigkeit ist noch Auslauf vorhanden.

Der Bahnhof „Hundsbach" wird zuweilen auch von einer preußischen Garnitur angefahren: Personenwagen mit 4.-Klasse-Abteil, Packwagen und T 3 als Zuglok. Die T 3 bekam einen Glockenankermotor „spendiert" und wurde mit dem Umbausatz von Reitz zur KPEV-Lok umgebaut.

Gebäude und Landschaft

Die Häuser entstanden in unterschiedlicher Bauweise. Die Empfangsgebäude „Steinmühle" und „Oberaich" sind abgewandelte Kunststoffbausätze. Die Bauernhäuser und der Güterschuppen in „Steinmühle" entstanden nach existierenden Vorbildern aus Balsaholz und Kunststoffteilen. Das Heizhaus in „Steinmühle" dagegen ist ein reiner Fantasiebau.

Der Unterbau der Landschaft ist ganz konventionell aus Fliegendraht und Gips hergestellt. Die Landschaft selbst wurde aus Produkten der unterschiedlichsten Hersteller gestaltet, natürlich unter Beachtung der farblichen Kombinierbarkeit. Markentreue spielte dabei keine Rolle, da die meisten Hersteller sehr hochwertige Produkte im Angebot haben. Die Laubbäume und Büsche bestehen meist aus passend zugeschnittenem Seegras, das mit möglichst feinen Flocken begrünt wurde. Es finden sich aber auch Kunststoffrohlinge darunter, die – entsprechend weiterbearbeitet – einen sehr guten optischen Eindruck hinterlassen.

Die wenigen Nadelbäume hat

Ein PmG verlässt gerade den Bahnhof „Hundsbach" und überquert gleich die markante Steinbogenbrücke.

Unten: Wartende Passagiere im Bahnhof „Steinmühle". Ganz rechts im Bild das Empfangsgebäude, daneben der Abort-Schuppen, in der Bildmitte ein typisches Oberpfälzer Bauernhaus mit angebauter Scheune.

Roland Käs aus Draht und Wolle hergestellt und mit Silflor-Materialien behängt. Da die Segmentkästen nur 60 cm tief sind, war er der Meinung, er bräuchte nur ein paar Bäume zu pflanzen und könnte damit Grünlandbewuchs vortäuschen. Weit gefehlt: Rund 70 Bäume und hunderte von kleinen Sträuchern und Büschen stehen auf der Anlage – und zeigen doch nur aufgelockerten Bewuchs.

Der Betriebsablauf

Ausgangspunkt der Anlage ist der fiktive Bahnhof „Riglasreuth", der den Anschluss an eine Hauptbahn darstellt. Die Strecke führt über den Haltepunkt „Oberaich" zum Spitzkehrenbahnhof „Steinmühle", der betrieblicher Mittelpunkt der Anlage ist.

Hier sorgen fünf der insgesamt sieben Ladestellen für erheblichen Rangierverkehr. Jeder Zug, der von „Riglasreuth" nach „Hundsbach" fährt, muss zudem in „Steinmühle" Kopf machen, da der Streckenabzweig „Tressau" vor der Bahnhofseinfahrt „Steinmühle" liegt. In „Hundsbach", dem Endpunkt der Strecke, werden Freiladegleis und Fabrikanschluss bedient. Die Rückfahrt des Zuges erfolgt in umgekehrter Reihenfolge, wobei in „Steinmühle" ein längerer Aufenthalt zur Restaurierung der Maschine vorgesehen ist.

Für jede Wagenladung, die zugestellt oder abgeholt werden soll, existiert ein Frachtzettel. Anhand von Wagenkarten wird ein passender und verfügbarer Güterwagen ausgewählt und für diese Transportleistung in den Zug eingestellt. Da alle Wagen mit Originalkupplungen versehen sind, ist es ein herrliches Spiel, einen Zug zu zerlegen und die Güterwagen an die einzelnen Ladestellen zu verschieben. Die vorbildgerechte Höchstgeschwindigkeit von 35 km/h auf der Strecke und von 15 km/h im Bahnhofsbereich wird unter diesen Umständen zur Selbstverständlichkeit …

Anlagen-Steckbrief

Spurweite:	H0
Baumaßstab:	1:87
Anlagengröße:	3,50 x 2,00 m
Thema:	Nebenbahn in der grenznahen östlichen Oberpfalz
Rollmaterial:	Trix, Roco
Gleismaterial:	Roco-Line
Epoche:	I

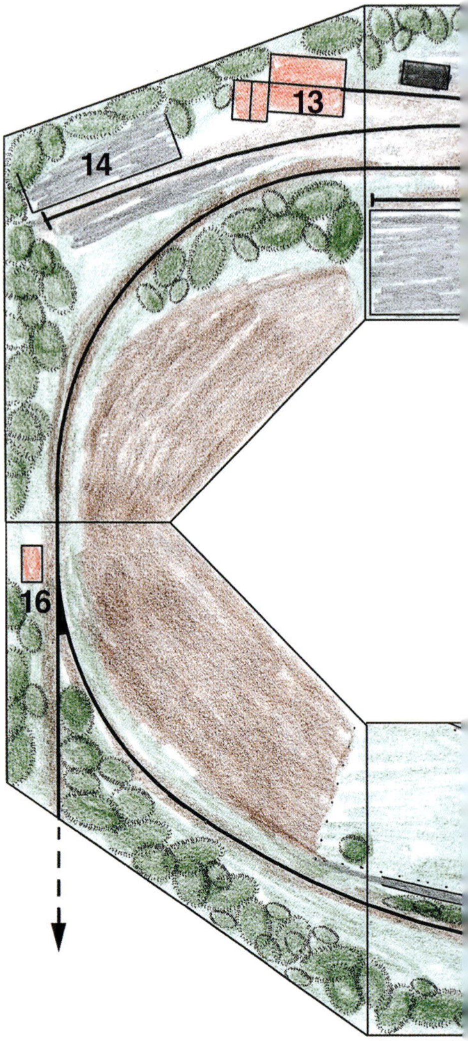

Links das Heizhaus mit angebautem Wasserturm und Werkstatt in „Steinmühle“, davor Wasserkran und Kleinbekohlung. An der Ladestraße trifft gerade ein Langholzfuhrwerk ein und passiert achtlos das filigrane Lademaß (rechts).

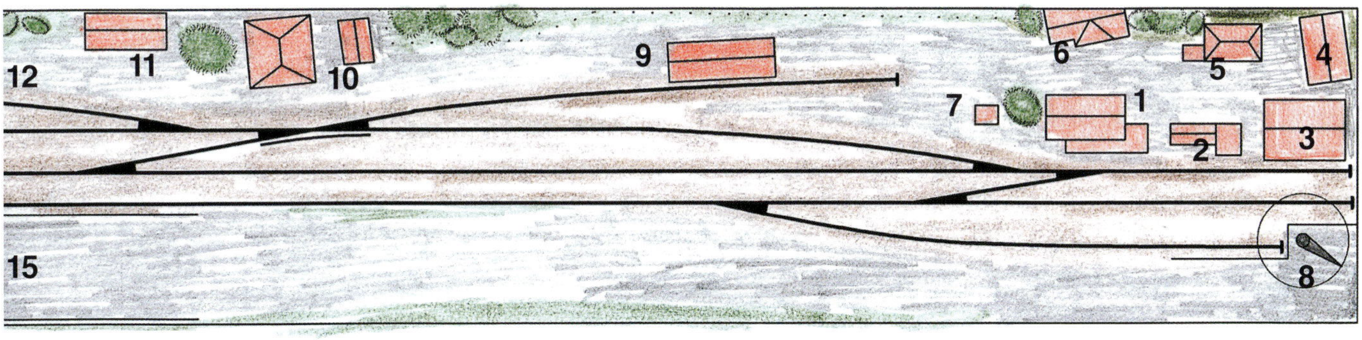

Legende zum Gleisplan (1:10)

1 = Empfangsgebäude „Steinmühle“
2 = Nebengebäude des Bahnhofs
3 = Bauernvereinslagerhaus
4 = Stadel
5 = Weikel-Schmiede
6 = Bauernhaus
7 = Abort
8 = Ladekran
9 = Güterschuppen der K.Bay.St.E.
10 = Wirtshaus mit Stall
11 = Bauernhaus
12 = Kohlebansen
13 = Heizhaus mit angebautem Wasserturm und Werkstatt
14 = Basaltverladerampe Zrenner
15 = Holzverladerampe
16 = Abzweig „Tressau“ (an der gestrichelten Linie können die Module nach „Oberaich“ angeschlossen werden)
17 = Brücke
18 = Kistenfabrik Goldstein
19 = Empfangsgebäude „Hundsbach“

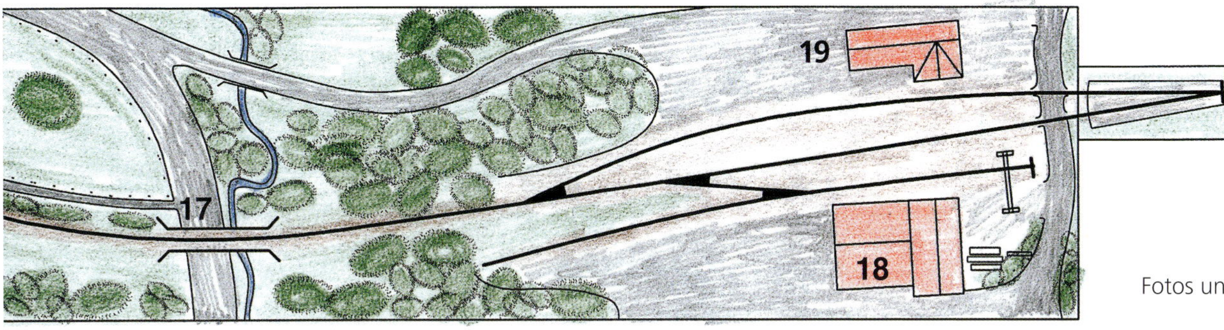

Fotos und Zeichnung: Uwe Stehr

H0m

1:87

12 mm

Systemwechsel in Pontresina

Alle Jahre wieder stellt sich beim Modellbahnhersteller Bemo die Frage nach einem attraktiven Thema für eine Schauanlage. Zuletzt entschloss man sich, auf vier bis fünf Meter Länge den Systemtrennungsbahnhof Pontresina längenverkürzt zu realisieren. Ein paar betrieblich nicht relevante Gleise blieben sprichwörtlich auf der Strecke, ohne dass das Gesamtbild leidet. Schnell war mit der berühmten „Montebello"-Kurve oberhalb Morteratschs mit dem gleichnamigen Gletscher das Motiv der Berninabahn gefunden, das noch mit viel Landschaft als Kontrast zum dominierenden Bahnhofsareal stehen soll. In nur wenigen Wochen entstand ein sowohl betrieblich wie auch optisch attraktives Konzept auf großzügigen 20 m²: Zwischen zwei Gleiswendel-Türmen liegt diesseitig der Hintergrund-Trennkulisse der aus zwei Teilen bestehende Bahnhof Pontresina und jenseits ein aus vier Anlagenteilen bestehender Landschaftsteil um die Station Morteratsch am Fuße des Berninapasses mit der „Montebello"-Kurve und weiteren Motiven.

Der Gleisplan war schnell ausgearbeitet. Vorbildrichtig fährt die im 1:1-Betrieb mit Gleichspannung elektrifizierte Berninabahn aus Pontresina im Uhrzeigersinn in Richtung Berninapass aus und verschwindet in der linken Gleiswendel. Nach dem Passieren einer Ausweiche in der Gleiswendel zur Erhöhung der Zugdichte taucht der Zug auf der Rückseite des Turmes, der auch den PC aufnimmt, wieder ans Hallenlicht. Über einen weiten Bogen wird die Kreuzungsstation Morteratsch erreicht, Ausgangspunkt einer Wanderung zum gleichnamigen Gletscher. Anschließend überquert der Zug eine Brücke und steigt zu einem der bekanntesten Motive der RhB auf: der engen „Montebello"-Panoramakurve mit fast maßstäblichem Modellradius und dem Bahnübergang. Nach ein paar weiteren Strecken-Dezimetern taucht der Zug am Kulminationspunkt der Schauanlage in die Gleiswendel im zweiten Turm ein und erreicht durch eine ebenfalls zweigleisige Wendel mit den Radien R 330 für Talfahrt und R 376 für Bergfahrt wieder (beim Vorbild aus Richtung St. Moritz kommend) den Ausgangsbahnhof Pontresina auf Höhe 0.

Die aus Samedan kommende, mit Wechselspannung versorgte Stammnetzstrecke mit Anschluss an die Albulabahn und an die Unterengadiner Linie bzw. die Vereinalinie, endet in Pontresina. Die zweite Bahnhofsein- bzw. -ausfahrt führt beim Vorbild zum Kopfbahnhof von St. Moritz, der jedoch als Schattenbahnhof aus zugtechnischen Gründen einer Ringstrecke weichen musste. Während die rechte zweigleisige Bahnhofseinfahrt aus Richtung St. Moritz bzw. Samedan an die reale Situation angelehnt ist, dient die linke Einfahrt zum Ringschluss.

Statt langweiligen auf Pendelzüge beschränkten Stammnetzbetriebs können nun alle RhB-Züge ein Gastspiel in Pontresina geben. Im nicht einsehbaren Teil ist im Böschungsbereich hinter der Station Morteratsch

Aus Richtung St. Moritz kommend fährt ein Regionalzug am Depot vorbei in Pontresina ein.

Fotos: Stefan Gölitzer

Die Nostalgietriebwagen ABe 4/4 30 und 34 zwischen Montebello-Kurve und Morteratsch.

Die Zweikraftlok Gem 4/4 setzt sich zusammen mit einem Triebwagen der 40er-Serie vor den auf Gleis 3 wartenden „Bernina-Express". Offenbar wurde das umschaltbare Gleis 3 bereits von Wechselspannung der Stammnetzbahn auf Gleichspannung der Berninabahn umgeschaltet.

Anlagen-Steckbrief

Spurweite:	H0m
Baumaßstab:	1:87
Anlagengröße:	5,90 x 3,10 m
Thema:	Pontresina und Morteratsch mit Montebello-Kurve der Berninabahn
Rollmaterial:	Bemo
Gleismaterial:	Bemo
Epoche:	III – V

ein zunächst viergleisiger, über die Länge der Abstellgleise zweigeteilter Schattenbahnhof angeordnet. Beidseitig in der Bahnhofseinfahrt von Pontresina besteht eine Gleisverbindung der innen angeordneten vier (Gleichstrom-)Bahnhofsgleise zum Schattenbahnhof, sodass die Bernina-bahn-Züge auch temporär von der Bildfläche verschwinden können. Abgesehen von den Gleiswendeln lassen sich je vier Berninabahn- bzw. Stammnetz-Zuggarnituren abstellen.

Während Gleisschotter, das Grün und die Herbstfarben Quadratzentimeter um Quadratzentimeter erobern, wartete noch die Sommerfeldt-Fahrleitung auf die Installation. Sondermasten, Quertragwerke und verschiedene Streckenmasten sowie unzählige Fahrdrähte überspannen inzwischen den sichtbaren Bereich.

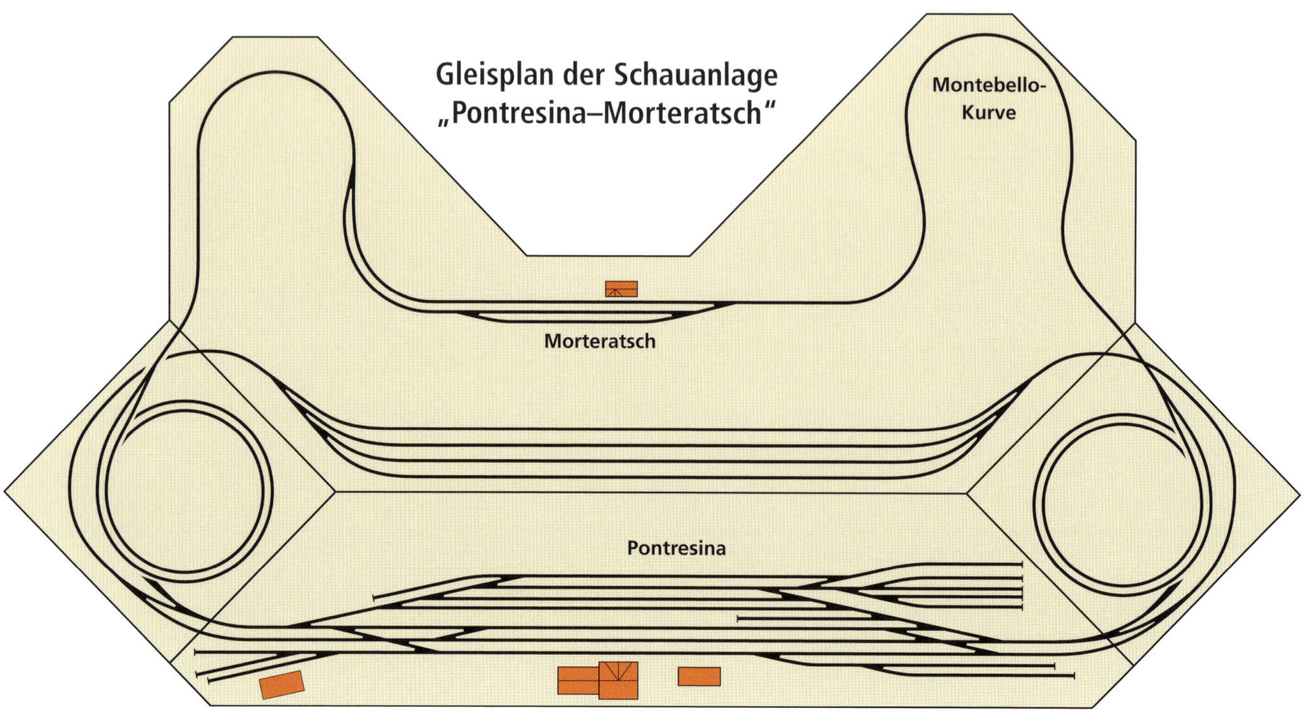

Ein Nostalgiezug, gebildet aus zwei ABe 4/4, zwängt sich durch die „Montebello-Kurve" von Morteratsch kommend in Richtung Alp Grüm.

Das beim Vorbild nach seiner Rückkehr aus Frankreich noch nicht wieder einsetzbare Bernina-Krokodil darf im Modell bereits einen Spurpflug ins Puschlav Richtung Süden überführen.

Die IV K wird gerade im Bw des kleinen Schmalspurbahnhofs „Thon“ versorgt.

Rechts: Auch das „stille Örtchen“ für die Museumseisenbahner darf natürlich nicht fehlen.
Die Museumsbahn erhält ein neues Fahrzeug; das „Schweineschnäuzchen“ wird schon erwartet (rechte Seite).

0e

1:45

16,5 mm

Museumsbahn auf schmaler Spur

Die Vorzüge der Baugröße 0e liegen auf der Hand: sehr gute Detaillierungsmöglichkeiten bei durchaus überschaubarem Platzbedarf. Gründe für Felix Alfermann, sich seine „private“ sächsische Schmalspurbahn im Maßstab 1:45 zu realisieren. Gebäude und Gleisplan des Bahnhofs Schmiedeberg an der Strecke Freital-Hainsberg–Kipsdorf lieferten die Vorbildmotive, aber nicht alles wurde hundertprozentig sklavisch umgesetzt …

An und für sich war er schon seit Jahren begeisterter H0-Modelleisenbahner. Neben regelspurigen Vorbildern interessierte er sich mit der Zeit auch für solche, die auf schmaler Spur fuhren. Schon bald „verliebte“ er sich in die sächsische IV K. Doch leider war zu Beginn dieser Leidenschaft kein vernünftiges Modell der Lok zu erwerben.

Durch Zufall stieß Felix Alfermann dann beim Durchblättern verschiedener MIBA-Hefte auf die Modelle der Firma Henke in 0e und fasste den Entschluss, auch eine Anlage in dieser Baugröße zu bauen. Dass die Auswahl an Modellen in der Nenngröße 0e nicht groß ist, lässt sich insoweit verschmerzen, als ein vorbildorientierter Betrieb auch mit wenigen Fahrzeugen möglich ist.

Detektivisch auf Quellensuche

0e hat aber noch weitere Vorteile. Wie allgemein bekannt ist, fahren die Fahrzeuge dieser Baugröße auf Gleisen mit einer Spurweite von 16,5 mm. Die Mindestradien z.B. der sächsischen Schmalspurbahnen betragen 40 m, was umgerechnet nur ca. 90 cm sind. Da vorbildgerechte Schmalspurbahnhöfe eine verhältnismäßig geringe Fläche aufweisen und mit wenig Gleisen auskommen, ist die Realisierung einer Anlage in einem Raum mit gängigen Ausmaßen nicht utopisch.

Wer jedoch an Zubehör für 0e herankommen will, braucht jede Menge detektivischen Spürsinns um alle Quellen auszuschöpfen. Besonders hilfreich: Für 0e- und 0m-Bahner gibt die Zeitschrift „Der Mittelpuffer“, die direkt beim Herausgeber (Otto O. Kurbjuweit, Geeststr. 17, 28237 Bremen) zu beziehen ist und viermal

im Jahr erscheint. Zudem trat Felix Alfermann der „Arbeitsgemeinschaft Spur 0“ (Andreas Warmer, Bergstr. 34, 47475 Kamp-Lintfort) und bei der „Arbeitsgemeinschaft Schmalspur“ (Info über Thomas Allgaier, Hohenstaufenstr. 28, 72768 Reutlingen) bei. Die jeweiligen Vereinszeitschriften informieren über Neuigkeiten – und in all diesen Publikationen bewerben einschlägige Anbieter ihre Produkte. Und somit hatte sich dann das Problem „Zubehör“ schon schnell erledigt. Trotzdem bleibt immer noch sehr viel der Eigeninitiative und dem bastlerischen Geschick des 0e-Bahners überlassen. Doch gerade weil nicht für jedes Problem eine fertige Großserienlösung erhältlich ist, übt diese Baugröße auf viele ihrer Anhänger einen besonderen Reiz aus.

Ein bisschen Anlagenbau

Auf Grund der Abmessungen des Raumes musste die Anlage in L-Form erbaut werden. Da möglichst viel, auch von der Strecke, einsehbar sein sollte, musste ein entsprechend großer und damit vorbildgerechter Radius von 1,20 m vorgesehen werden. Der „Schattenbahnhof“ besteht aus einem Abstellgleis und einem Umfahrgleis. Wegen des noch zur Verfügung stehenden Platzes wurden diese beiden Gleise im Radius verlegt. Aus dem gleichen Grund konnte der Abstellbahnhof auch nicht gänzlich stationär ausgeführt werden, da sonst die Zimmertüre hätte versetzt werden müssen. Also kam er auf eine jederzeit entfernbare Tischlerplatte, die an der Wand auf einer Holzleiste aufliegt, an der Modellanlage auf einer Holzleiste gelagert werden kann und ansonsten noch auf einem Holzbein steht. Der Rest des Schattenbahnhofs (eigentlich also ein Halbschattenbahnhof) ist durch Landschaft überdeckt.

Die Gerüst der Anlage besteht aus Dachlatten, die miteinander verschraubt und gegen die Wände verdübelt sind. Darauf befestigte Felix Alfermann 16 mm starke Tischlerplatten, die lediglich im Bereich des Bachbettes Aussparungen erhielten. Der Bach „fließt“ sozusagen in einer zweiten Ebene darunter. Der Gelän-

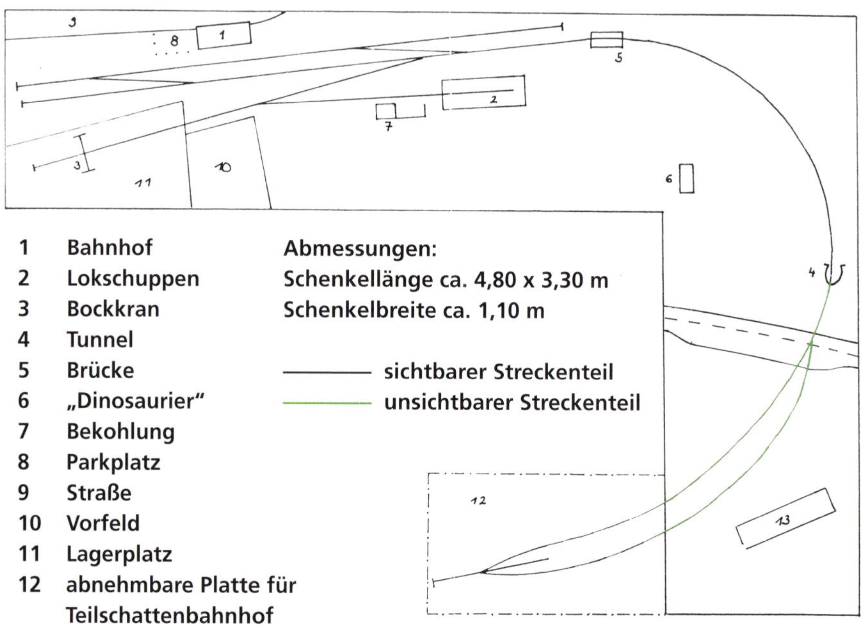

Im Schmalspurbahnhof „Thon" ist der nächste Zug – gebildet aus einer IV k von Henke sowie einem Packwagen und drei Personenwagen von Lutz Haberditzl (Berlin) – abfahrbereit.

Blick in die Gegenrichtung. Gerade ist die Museumgarnitur eingetroffen, nun wird die IV K für die Rückfahrt an die Spitze des Zuges umsetzen.

Bei der kleinen Brücke handelt es sich um ein angepasstes H0-Modell von Kibri. Es überbrückt einen ausgetrockneten Bachlauf, der nur zur Zeit der Schneeschmelze Wasser führt.

Die HF 130 C von Henke kommt mit zwei voll beladenen Güterwagen aus dem Werksanschluss.

Mithilfe eines Bockkrans werden hier die Waggons beladen. Der Betonplattenboden des Lagerplatzes entstand übrigens aus fein strukturierten Korkplatten, die mit einer Schicht dünnflüssigem Moltofill überzogen wurden.

deaufbau erfolgte auf mit der Stichsäge bearbeiteten Holzspanten, die in unterschiedlichen Abständen, abhängig von verschiedenen Zwangspunkten, auf die Grundplatte geklebt wurden. Auf dieses Skelett kam per Tacker befestigtes Fliegengitter. Mehrere Schichten Moltofill bildeten die endgültige Geländeform.

Bevor das Gelände dann mit verschiedenfarbigen Flocken von Heki und Material von Asoa seine endgültige Gestaltung erhielt, wurde es mit Dispersionsfarbe eingestrichen. Wenn nun die Beflockung nicht überall deckend aufgebracht ist, kommt wenigstens nicht die weiße Farbe des Moltofills zum Vorschein. Die Bäume kommen von Silhouette und aus der Werkstatt Jerusalem. Ihr entstammen zum Teil auch die Büsche, teilweise sind sie auch selbst „gezüchtet“.

Die Modellbahnanlage orientiert sich zwar an sächsischen Vorbildern, doch der Betrieb stellt eine Museumsbahn dar, sodass der Einsatz von allen möglichen Modellen denkbar ist. Selbstverständlich wird aber nur Rollmaterial eingesetzt, welches auch im Original auf 750 mm Spurweite gefahren ist. Die Wahl fiel letztlich auf einen annähernden Nachbau des Bahnhofes Schmiedeberg an der Strecke Freital-Hainsberg–Kurort Kipsdorf. Leider stand für den Gebäudebau kein maßstäblicher Plan des Bahnhofs zur Verfügung. Doch lieferte die Fachliteratur genug Informationen für den Selbstbau des Empfangsgebäudes und des Lokschuppens. Anhand von Fotos ließen sich die groben Abmessungen sowie die Formen des Fachwerkes abgreifen. Änderungen gegenüber dem Vorbild ergaben sich im Bereich der Türen und der Verputzimitation – kein Problem, denn eine exakte Verkleinerung des Bahnhofs Schmiedeberg sollte ja ohnehin nicht entstehen.

Ein Kapitel für sich war der Nachbau des sächsischen Lokschuppens für die IV K. Er entstand in unzähligen Stunden Bastelarbeit anhand von Zeichnungen des Originalbauwerks – eine Mühe, die sich gelohnt hat.

Ein Güterschuppen am Bahnhof fehlt. Dafür war einfach kein Platz mehr. Einen gewissen „Ausgleich“ dafür bildet der Lagerplatz einer Maschinenfabrik, die somit zum einzigen Güterkunden der „Museums-Schmalspurbahn“ wird. Das hat mit der Realität wenig zu tun – doch in der kleinen Welt, die man sich mit der Modellbahn erschafft, muss ja nicht alles hundertprozentig logisch sein …

Anlagen-Steckbrief

Spurweite:	**0e**
Baumaßstab:	**1:45**
Anlagengröße:	**4,80 x 3,30 m**
Thema:	**Museums-Schmalspurbahn nach sächsischem Vorbild**
Rollmaterial:	**Fleischmann, Henke, Haberditzl, diverse 0e-Kleinserienhersteller**
Gleismaterial:	**Peco, KS-Modelleisenbahn**
Epoche:	**V**

H0

1:87

16,5 mm

Stadtbahnstrecke durch Berlin

Eine markante Szene ist der S-Bahnhof Alexanderplatz mit Berolinahaus in den 70er- Jahren.

Wie ein historisches Panoptikum dokumentiert die 15 x 4 m große H0-Anlage des „Vereins für Berlin-Brandenburgische Stadtbahngeschichte Weinbergsweg e.V.“ Abschnitte der Berliner Stadtbahnstrecke und den Betrieb darauf. Zum Einsatz kommen alte und aktuelle S-Bahn-Triebzüge, Nah- und Fernverkehrszüge vom DR-Doppelstockzug bis zum EuroCity, die Berliner Straßenbahnen und sogar fahrende Modellbusse.

Der heutige Verein für Berlin-Brandenburgische Stadtbahngeschichte „Weinbergsweg“ wurde 1962 als „Interessengemeinschaft Modelleisenbahn” gegründet. Gründungsort waren Räume im Weinbergsweg in Berlin-Mitte. Mit Gründung des „Deutschen Modelleisenbahn-Verbands“ (DMV) in der DDR wurde der Verein als AG 1/13 geführt. Die damaligen Mitglieder fügten zu dieser trockenen, nichts sagenden Registriernummer den Vereinsnamen „Weinbergsweg” hinzu und bezeichneten sich fortan als AG 1/13 „Weinbergsweg”.

Ausstellungen seit 35 Jahren

Eine erste kleine Modelleisenbahnausstellung führte der Verein 1964 durch. Als der Deutsche Modelleisenbahn-Verband 1967 in Berlin seine erste Modelleisenbahnausstellung in einer Oberschule in der Dimitroffstraße durchführte, war die AG 1/13 „Weinbergsweg“ selbstverständlich mit dabei. Gezeigt wurde die begonnene S-Bahn-Anlage in Hufeisenform mit dem noch im Rohbau befindlichen S-Bahnhof Alexanderplatz.

Dank der Unterstützung durch die S-Bahn-Verwaltung der Deutschen Reichsbahn wurde die S-Bahn-Anlage 1974 im Bahnhof Alexanderplatz zum 50-jährigen Jubiläum gezeigt. Die damals begonnene Zusammenarbeit setzte sich bis heute mit der S-Bahn Berlin GmbH fort. So unterstützt der Verein im Jahr 1999 das 75-jährige Jubiläum der Berliner S-Bahn.

Seit 1984 hat der Verein sein neues Domizil in Berlin-Karlshorst gefunden. Diese Räume wurden durch die Mitglieder selbst ausgebaut. Dabei waren keine modellbahntypischen Arbeiten auszuführen, sondern handwerkliche Tätigkeiten vom Dachdecken bis zu Fußbodenverlegearbeiten.

Neben der S-Bahn-Anlage begann der Verein 1985 mit dem Bau von Nordmodulen – eine Möglichkeit für den Clubnachwuchs, sich im Modellbau zu üben. Einzelne Teilstücke waren schon bei den Nordmodul-Treffen, die durch die Arge Nordmodul organisiert werden, zu sehen.

Nach der Wiedervereinigung ließ

Blick auf die Straße der Pariser Kommune mit der Hauptpost und dem Verwaltungsgebäude des Berliner Hauptbahnhofs.

Eingang zum Berliner Hauptbahnhof (heute wieder Ostbahnhof). Auf der Straße ein Ikarus 260 der BVB, von den Berlinern „Schlenki“ genannt.

Fotos: Martin Knaden

Ansicht des Berliner Hauptbahnhofes mit der Straße der Pariser Kommune

sich die AG 1/13 „Weinbergsweg“ unter dem neuen Namen „Verein für Berlin-Brandenburgische Stadtbahngeschichte Weinbergsweg” als eingetragener Verein registrieren. Seit dieser Zeit eröffneten sich ganz neue Möglichkeiten zur Präsentation der Vereinsanlage. Mit der S-Bahn-Anlage wurde inzwischen an zahlreichen Ausstellungen im In- und Ausland teilgenommen.

Bau und Betrieb

Die Idee zur heutigen Stadtbahnanlage wurde 1962 geboren. Ausschlaggebend war das Vorhandensein der ersten S-Bahn-Modelle der Baureihe 167 von der Firma Herr. Zunächst hatte man drei große Bahnhöfe in Form einer hufeisenförmigen Anlage arrangiert. Dazu gehörten der noch heute verwendete Bahnhof Alexanderplatz und der Betriebsbahnhof Rummelsburg sowie die Station Erkner. In diesem Bauzustand und mit einer Größe von 10 x 4 m war die Anlage erstmalig 1967 zu sehen.

Im Jahre 1987 erhielt die Anlage ihre heutige Größe von 15 x 4 m. Gleichzeitig wurden dabei die Bahnhöfe Betriebsbahnhof Rummelsberg und Erkner durch die Bahnhöfe Marx-Engels-Platz, Jannowitzbrücke und Berlin-Hauptbahnhof ersetzt. Seit diesem Umbau entspricht die Anlage dem Vorbild der Siebziger- und Achtzigerjahre und soll als solche auch erhalten bleiben. Inzwischen hat die DB AG die Vorbild-Bahnhöfe von Marx-Engels-Platz in Hackescher Markt und von Hauptbahnhof in Berlin-Ostbahnhof umbenannt.

Heute besteht die Anlage aus insgesamt 27 Segmenten. Von 1,20 x 0,80 m bis zu den größten Platten von 1,20 x 2,40 m sind verschiedene Plattenmaße anzutreffen. Sämtliche Platten bestehen aus Sperrholz und den entsprechenden Leisten. Im Laufe der Jahre mussten viele „Altbauplatten“ durch komplette neue Segmente ersetzt werden. Diese Umbauphase ist bis auf den heutigen Tag nicht abgeschlossen.

Der Gleisbau erfolgte bis zur Wende mit dem Modellgleis der Firma Pilz. Seit 1990 kommen bei der Erneuerung der Gleise hauptsächlich die Gleismaterialien der Firmen Tillig (stellt heute stark verbesserte Ausführungen des ehemaligen Pilz-Gleises her) und Roco zum Einsatz (beide Gleissysteme sind im Fachhandel erhältlich). Die insgesamt verlegte Gleislänge beträgt schätzungsweise 300 Meter. Weiterhin sind ungefähr 60 Weichen mit Postrelais als Antrieb eingebaut.

Während der Bus IFA H6 die Vorfahrt beachten muss, wird es für den Doppeldecker reichlich eng.

Stadtbahnbögen zwischen den S-Bahnhöfen Alexanderplatz und Marx-Engels-Platz mit Blick auf die Dircksenstraße. Auf der Stadtbahn ein typischer Doppelstockzug der DR in den Achtzigerjahren und ein Straßenbahnzug Bauart Gotha.

Blick in Richtung der neuen Promenade am S-Bahnhof Marx-Engels-Platz

Der Abriss der Berliner Markthalle ist schon fast vollzogen; gleich wird die Abrissbirne die letzten Außenmauern zum Einsturz bringen. Die Rostspuren auf den Gleisen zur Markthalle lassen ahnen, dass auch vorher schon lange keine Waren mehr geliefert wurden.

Die Szene auf diesem Bild könnte Anfang der Fünfzigerjahre entstanden sein. Während sich auf der Stadtbahn zwei Züge der BR 165 begegnen, rollt auf dem Straßenbahngleis ein Arbeitszug die Dircksenstraße entlang.

Die Baustelle im Vordergrund gehört zum Abriss der Berliner Markthalle. Der Schnellzug auf den Fernbahngleisen ist ein ehemaliger „Städteexpress" der DR mit Lok der BR 118.

Für eine möglichst detailgetreue Nachbildung des Streckenabschnittes zwischen den Bahnhöfen Marx-Engels-Platz und Hauptbahnhof wurden ausgewählte Hochbauten im Eigenbau hergestellt. Als Baumaterialien sind Holzleisten, Sperrholz, Pappe und Plastik verarbeitet worden. Da für sämtliche Modelle keine Originalzeichnungen vorhanden waren, wurden diese fotografiert, von Hand vermessen und anschließend umgerechnet. Dabei haben es sich die Vereinsmitglieder zur Gewohnheit gemacht, das Erdgeschoss im Maßstab 1:87 zu halten und alle darauf folgenden Etagen im Maßstab 1:100 entstehen zu lassen.

Lediglich die Nachbildung des Berliner Fernsehturms wurde durchgängig im Maßstab 1:100 gebaut. Selbst

bei diesem Maßstab kommt der „Telespargel“ (wie der Berliner sagt) noch auf eine Höhe von 3,65 Meter. Der Schaft besteht aus einem Messingrohr, an dem in gleichmäßigen Abständen Winkel befestigt sind. Die Außenhaut entstand aus dünnem Sperrholz. Die markante Kugel besteht aus einem Globus, der mit einzelnen, strukturierten Plättchen beklebt wurde. Messingprofile an der Spitze vervollständigen den Turm.

Zu den wichtigsten Bauten der spektakulären Anlage zählen die vier Bahnhofshallen, der Berlin Fernsehturm, die Warenhäuser vom Alexanderplatz, die Kongresshalle, das „Haus des Lehrers“ sowie die Häuser an der Dircksenstraße.

Beim Einsatz der Fahrzeuge wird darauf geachtet, dass diese im Vorbild auf der Stadtbahn eingesetzt waren, sodass möglichst originalgetreue Zugbildungen verkehren. Auf den Fernbahngleisen fahren Fahrzeuge, welche im Berliner Raum zu Hause waren und nahezu täglich auf den Gleisen der Berliner Stadtbahn anzutreffen waren. Natürlich handelt es sich größtenteils um Nachbildungen der DR vor und nach 1989, aber auch um einzelne DB-Fahrzeuge.

Bei den S-Bahn-Zügen kamen bis 1990 ausschließlich Fahrzeuge der Firma Herr und Eigenbauten zum Einsatz. Seit Firmen wie Lima und Woytnik Modellbahntechnik (Berlin) entsprechende S-Bahn-Modelle anbieten, verkehren hauptsächlich diese Fahrzeuge auf der Anlage. Die dargestellte Streckenführung unterteilt die S-Bahn-Anlage in vier Ringe. Davon sind jeweils zwei der Fernbahn und der S-Bahn zugeordnet. Während die Fernbahn ständig im Kreis verkehrt, pendelt die S-Bahn zwischen zwei Kehranlagen an den Endpunkten Warschauer Brücke und Marx-Engels-Platz.

Dampfbetriebene Museumszüge (BR 74 mit preußischen Abteilwagen) können aus diesem Pendelbetrieb herausgenommen und in einen Ringverkehr überführt werden. Eine weitere Besonderheit ist der Betrieb von Wendezügen auf der Fernbahn. Diese können automatisch zwischen den beiden Fernbahnringen wechseln und ihre Fahrtrichtung ändern. Durch die elektronische Steuerung ist sogar ein Betrieb mit geschobenen Zugeinheiten – wie beispielsweise ICs mit Steuerwagen – möglich. Die Steuerung,

welche sich an das Prinzip der Spurplansteuerung der ehemaligen DR anlehnt, sowie die dafür benötigten Blockbausteine, Fahrregler und Reflexkoppler wurden durch Mitglieder des Vereins selbst entwickelt.

Um den Berliner Straßenverkehr darstellen zu können, sind mehrere Segmente mit Faller-Car-System ausgerüstet. Hier verkehren typische Berliner Busse sowie Lkws. Eine funktionierende Ampelschaltung ermöglicht die problemlose Kreuzung von Bussen und Straßenbahnen. Ein automatisches Blocksystem ist derzeit in Vorbereitung und soll den Betrieb flüssiger und vielfältiger gestalten.

Anlagen-Steckbrief

Spurweite:	H0
Baumaßstab:	1:87
Anlagengröße:	15 x 4 m
Thema:	Stadtbahnstrecke von Berlin und der Betrieb darauf
Rollmaterial:	Lima, Woytnik, Roco, Piko, Gützold, Brawa
Gleismaterial:	Tillig, Roco
Epoche:	III – V

Selbstverständlich gehört zu Berlin auch eine Straßenbahn, welche an den Endpunkten jeweils Wendeschleifen besitzt. Die Wendeschleife im Bereich Jannowitzbrücke befand sich, in anderer Anordnung, bis zur Stilllegung Ende der Sechzigerjahre tatsächlich dort. Am S-Bahnhof Hackescher Markt liegt die zweite Wendeschleife mit einer viergleisigen Abstellanlage, welche das Wechseln der Fahrzeuge erlaubt.

Bei der Streckenführung mussten Kompromisse bezüglich eines vorbildgetreuen Verlaufs eingegangen werden, auch um den Besuchern die Möglichkeit zu geben, die Straßenbahn aus der Nähe zu betrachten. Die „Paradestrecke" zwischen den S-Bahnhöfen Hackescher Markt und Alexanderplatz existierte in dieser Form nicht beim Vorbild. Der Fahrbetrieb der Straßenbahnen erfolgt als automatischer Blockbetrieb.

Beim Oberleitungsbau setzt man auf bewährte Sommerfeldt-Produkte. Auf der Anlage verkehren Berliner Straßenbahnmodelle aller Epochen um den Besuchern ein Bild von der Geschichte und Gegenwart der Straßenbahn in Berlin zu vermitteln. Es verkehren Modelle historischer Fahrzeuge von Fröwis (Berlin) und aktuell in Betrieb stehende Fahrzeuge von Hermann & Partner (Berlin) sowie Hödl (Germering), aber auch Einzelstücke von Woytnik, Fairfield (NL Pummerend) und Bec-Kits.

Den meisten Fahrzeugen fehlt ein ausstellungstauglicher Antrieb mit

Schwungmasse. Nach anfänglichen Versuchen mit den verschiedensten Antrieben haben sich die Vereinsmitglieder dazu entschlossen, die Niederflurwagen mit umgebauten Hödl-Antrieben zu fahren. Diese erhielten einen leistungsstarken Faulhaber-Motor und ein Zahnradgetriebe anstatt des Gummigetriebes. Die Tatra-Wagen fahren auf Drehgestellen der Roco-Straßenbahn und erhielten einen Faulhaber-Motor mit Schwungmasse. Alle Zweiachser fahren mit den sehr guten Antrieben von SB-Modellbau (Olching). Somit verfügen die Antriebe aller Straßenbahnen über eine Schwungmasse und halten an den Haltestellen sehr zivilisiert an. Das erspart die Installation einer aufwändigen Elektronik. Für die Zukunft ist eine Erhöhung der Blockstellenzahl sowie ein automatischer Zugwechsel an der Endhaltestelle Jannowitzbrücke geplant.

Noch ist die Stadtbahn nicht elektrifiziert und der ICE muss von einer BR 229 am Bahnhof Jannowitzbrücke vorbeigeschleppt werden.

Mitte: Die schönen Signalbrücken sind heute leider verschwunden. Anstelle des roten Backsteingebäudes im Hintergrund steht heute das Trias-Gebäude, in dem sich zeitweise auch die Konzernleitung der DB AG befand.

Der Dampfer „Rolf" kommt gerade von großer Fahrt zurück. Hier können die Ausflügler in die S-Bahn und U-Bahn umsteigen.

Mittelpunkt der kleinen Waldbahnstation ist ein Bahnübergang (oben). Das gebrochene Vorderrad des Lieferautos macht wohl einen längeren „Aufenthalt" notwendig.

Neben der Umladestation für schwere Baumstämme ist die Wasserversorgung (rechts)

Rechts Mitte: Das kleine Sägewerk dient zur Herstellung der dringend benötigten Schwellen um weitere Waldbestände zu erschließen.

Ganz rechts eine „Totale" der Waldbahnstation

H0

1:87

16,5 mm

Holzabfuhr mit Heisler und Shay

Amerikanische Eisenbahnen haben ihren ganz eigenen Reiz – und eine Waldbahn mit entsprechendem Fahrzeugpark zumal! Hier werden nicht nur Holzstämme abgefahren, auch Gebäude, Wassertanks und Kräne sind – völlig vorbildgerecht – aus Holz. Hans-Heinrich Schubert hat den etwas „verhauten" Stil dieser Bahnen gut getroffen – wozu sehr viel künstlerisches Einfühlungsvermögen nötig war.

Das Diorama mit den Abmessungen 2,85 x 0,60 m in Rechtwinkelform ist auf einem Grundrahmen von Holzleisten 24 x 48 mm aufgebaut. Auf dem Grundrahmen ist eine 10-mm-Hartfaserplatte und auf dieser eine 10-mm-Styroporplatte vollflächig verklebt. Auf das Styropor kam eine 4-mm-Korkplatte, ebenfalls vollflächig verklebt, die es gestattet, das Gleismaterial (Roco-Line mit Bettung sowie Selbstbaugleis Code 70) absolut geräuschdämmend aufzubringen. Das Styropor dazwischen erlaubt problemlos die Ausbildung von Senken und Vertiefungen; auf diese Weise

Fotos: Martin Knaden, Gerhard Peter

Das Schwellensägewerk entstand aus einem Weißmetallbausatz der Firma Woodland Scenics. Die kurzen Stämme werden mit einer Kappsäge auf Länge geschnitten, rechts dahinter längs besäumt und danach getaucht. Sägespäne transportiert ein Kettenförderer auf den bereitstehenden Truck.

Ausgerechnet auf dem Holzbohlen-Bahnübergang ist ein Lieferwagen zusammen- bzw. eingebrochen. Nun ist guter Rat teuer …

wurde beispielsweise ein kleiner See dargestellt.

Der Betriebsablauf auf dem Diorama gestaltet sich derart, dass ankommende, mit Stammholz beladene Züge aufgelöst und in die vorhandenen Stichgleise rangiert werden. Die Triebfahrzeuge können in einem zweiständigen Lokschuppen untergestellt werden. Sämtliche Fahrzeuge sind mit den originalgetreu wirkenden Kadee-Klauenkupplungen ausgerüstet.

Die Modellgebäude sind überwiegend Eigenbauten aus Holz; zwei Bausätze von Campbell sowie zwei Metallbausätze von Woodland Scenics vervollständigen das Diorama. Der überwiegende Teil der Gebäude ist mit Inneneinrichtung ausgerüstet und beleuchtet.

Als Triebfahrzeuge verkehren drei Lokomotiven von Roundhouse, Bauart Shay, sowie je eine weitere Shay von Keystone und Bachmann. Des Weiteren ist noch eine Heisler-Lokomotive von Rivarossi vorhanden. Die Fahrzeuge sind gesupert und mit Rauchgenerator und Konstantstrom-Beleuchtung ausgerüstet.

Das Holzabfuhr-Diorama ist als Vierseiten-Diorama dargestellt, es ist also von allen Seiten aus frei zugänglich und zu betrachten. Es wurde mit Fahrzeugen aus der Zeitspanne von zirka 1920 bis 1950 sowie mit zahlreichen Figuren „belebt".

Anlagen-Steckbrief

Spurweite:	**H0**
Baumaßstab:	**1:87**
Anlagengröße:	**2,85 x 0,60 m**
Thema:	**regelspurige US-Waldbahn**
Rollmaterial:	**Bachmann, Keystone, Roundhouse, Rivarossi, Athearn, Kadee, Eigenbau**
Gleismaterial:	**Roco-Line, Selbstbau mit Code-70-Profilen**
Epoche:	**II**

Beeindruckend: die Trestlebrücke, die in einem Bogen mit einem Portal einen kleinen See überspannt.

Blick über die Waldbahnstation in Längsrichtung

Eine Seilbahn transportiert die Stämme zum Verladeplatz, wo der Dampfkran das Umladen auf die Waggons besorgt.

Rechts: Über sumpfiges Gelände wurden die Gleise auf so genannten Bockbrücken geführt. Die Bockbrücke wurde ohne jegliche Verbindungselemente wie Nägel, Schrauben, Haken errichtet. Die eingekerbten Bohlen können problemlos wieder abgebaut werden.

Kurz vor Erreichen der Station Löylymäki überquert der Personenzug auf einer Stahlträgerbrücke einen kleinen Fluss, den wenig dahinter auch die Straße auf einer Steinbogenbrücke kreuzt. Klar, dass das Leben am, auf und mit dem allgegenwärtigen Wasser auch auf der Anlage authentisch wiedergegeben ist.

Löylymäki – zwischen See und Sauna

Am Anleger von Löylymäki macht gerade ein Passagierdampfschiff fest, während im Hintergrund der nächste Güterzug den Ort durchfährt. Angesichts der Fülle an feinen Details ist es verständlich, dass die Vereinsmitglieder auf ihre selbst gebauten Schiffsmodelle besonders stolz sind.

Rechts das Anschlussgleis des kleinen Binnenhafens. Ein Schleppkahn liefert Holz an, das zunächst auf einer freien Fläche am Hafenkontor zwischengelagert wird.

Konzentration ist nur bei der Aussprache der Namen aufzubringen – das Betrachten der H0-Anlage „Löylymäki" des finnischen Clubs „Pienoisrautatiekerho ry" bedeutet dagegen Entspannung und Modellbahngenuss höchster Güte. Auf 6,45 x 2,50 m ist, mithilfe vieler ausschließlich in Eigenbau hergestellter Modellfahrzeuge und -gebäude, ein Stück längst vergangener Eisenbahnatmosphäre perfekt nachgebildet.

Während Modellbahnanlagen aus der Schweiz und Österreich, aus den Niederlanden oder England auch hierzulande immer häufiger Beachtung finden und vermehrt auf den großen Publikumsmessen zu sehen sind, stehen die skandinavischen Länder und hier vor allem Finnland nicht gerade im Blickwinkel der Modellbahnwelt. Für Aufsehen sorgte daher der öffentliche Auftritt einer finnischen Modellbahnanlage auf der

Dortmunder „Intermodellbau 1998“: Nicht wegen ihrer Herkunft, sondern wegen der perfekten Umsetzung eines außergewöhnlichen Vorbildthemas konnte die finnische Anlage „Löylymäki“ den ersten Preis beim Publikumswettbewerb einheimsen.

Pienoisrautatiekerho ry

Hinter diesem unaussprechlichen Namen verbirgt sich der älteste Modelleisenbahnklub Finnlands; er wurde im Jahre 1951 gegründet. Pienoisrautatiekerho ry kommt aus der finnischen Hauptstadt Helsinki und hat ungefähr 100 Mitglieder. In seinem Vereinsheim verfügt er über einen Clubraum mit einem Archiv, einer Werkstatt und natürlich der hier vorgestellten Clubanlage. Thematisch haben sich die Mitglieder hauptsächlich die Nachbildung der finnischen Eisenbahnen auf die Fahnen geschrieben.

Modelle von finnischen Eisenbahnfahrzeugen, egal ob Loks oder Wagen, kann man nicht „von der Stange“ im Geschäft kaufen. Allenfalls können sie aus Bausätzen entstehen. In der Regel ist jedoch Selbstbau mithilfe von Fotos und Zeichnungen angesagt. Trotz eines nicht existierenden Modellbahnmarktes und kaum vorhandener Hersteller existiert das Hobby „Modelleisenbahn“ in Finnland schon seit 50 Jahren.

Wie bereits erwähnt, ist „Löylymäki“ eine Ausstellungsanlage des Clubs Pienoisrautatiekerho ry aus Helsinki. Die Anlage besteht aus kleineren Teilstücken, sodass sie transportfähig ist. „Löylymäki“ – was übrigens so viel heißt wie „Saunadampfstoßhügel“ – ist im Grunde nur eine Ausgeburt der Fantasie. Aufbau und Gestaltung der Anlage folgen aber den Grundzügen der finnischen Gleisplanung – einen Bahnhof wie Löylymäki hätte es real geben können.

Löylymäki ist ein kleiner Ort im Ost-Finnland der Fünfzigerjahre. Wie vielerorts, so ist dies auch hier eine Zeit der Hochkonjunktur. Die Binnenschifffahrt über die zahlreichen finnischen Seen entwickelt sich lebhaft und auch die Landstraßenverbindungen werden ausgebaut. Selbst der Bahnbetrieb erlebt einen letzten Boom. Der Bahnhof von Löylymäki wurde ursprünglich für nur geringen Verkehr geplant, aber jetzt ist er zu klein geworden. Im Grunde gibt es zu wenig Gleise, im Betriebswerk „klemmt“ es häufiger und auch im kleinen Empfangsgebäude geht es eng zu.

In den 50er-Jahren war auch in Finnland die Eisenbahnwelt noch in Ordnung. Die Eisenbahn erlebte eine letzte Hochkonjunktur, und so ist das schmucke kleine Empfangsgebäude von Löylymäki dem Ansturm an Reisenden und Gepäck kaum gewachsen. Zu beachten ist auch das frei stehende Hebelstellwerk vor dem EG.

Löylymäki ist eingebettet in die typisch finnische Landschaft: viel Wald, viel Wasser, ein wenig Sumpf. Im Hintergrund die beschauliche Bauernsiedlung Hallakorpi mit ihren kleinen Holzhäusern.

Unmaßstäblicher Gleisplan der Ausstellungsanlage Löylymäki; ihre Abmessungen betragen 6,45 x 2,50 m.

1 Schattenbahnhof
2 Haltestelle
3 Sumpf
4 Hölzerne Kirche
5 Glockenturm
6 Laden
7 Binnenseehafen
8 Hafenkontor
9 Lager
10 EG
11 Güterschuppen
12 Wagenausbesserungswerk
13 Drehscheibe
14 Lokschuppen
15 Schuppen für Dampflokbrennholz
16 Sauna
17 Bahnwärterhaus
18 Draisinenschuppen

Selbst wenn es Löylymäki nicht in Wirklichkeit gibt, so hat doch jedes Detail auf der Anlage sein Vorbild irgendwo in Finnland. Die Gebäude aus Holz sind typisch für die finnische Architektur. In der Tat haben die Architekten der Staatsbahn zu den wichtigsten ihrer Zeit gehört. Die Bahnhöfe bilden oft ein harmonisches Ganzes. Auf dem Bahnhofsgelände stehen neben dem Empfangsgebäude mehrere weitere Bauten für unterschiedliche Zwecke.

In der Umgebung von Löylymäki sind alle Elemente der typischen finnischen Landschaft anzutreffen. Am rechten Ende der Anlage passieren die Züge eine kleine Felswand und fahren über eine Brücke. Neben der Bahn steht das rote Haus des Bahnwärters und am Flussufer ist eine Sauna zu erkennen. Am Rand des Bahnhofsgebiets findet man einen Schuppen für Brennholz, dem Heizmaterial für die Dampflokomotiven. Die meisten finnischen Dampflokomotiven benutzten Birkenscheite als Brennstoff. Neben dem Brennholzschuppen stehen Lokschuppen und Drehscheibe – auch typische Elemente eines finnischen Bahnhofsgebietes.

Das Empfangsgebäude von Löylymäki ist nur eine bescheidene Haltestelle. Ähnliche Gebäude sind in vielen Orten Finnlands zu finden. Hier haben zumeist alle Bahnbauten einer Strecke eine einheitliche Architektur. Die von dem Architekten geplanten Standardzeichnungen hat man jeweils den örtlichen Verhältnissen angepasst. Hinter dem Empfangsgebäude stehen Wohnungen für das Bahnpersonal.

Das Herz des kleinen Dorfes ist eine Holzkirche. Ein Tante-Emma-Laden steht am Rande der Landstraße, die durch das Dorf führt. Auf dem Feld trocknet das Heu auf Heureutern. Vom Bahnhof führt ein Gleis in den Binnenhafen. Die Passagiere können direkt vom Zug in ein Boot umsteigen. Ein Dampfer hat gerade einen Schleppkahn voll Brennholz gebracht, das neben dem Hafenkontor aufgestapelt wird. Direkt hinter dem Bahnhof beginnt die Landschaft.

Stahl und Styrofoam

Die Anlage „Löylymäki" wird in kleinen transportablen Teilstücken zu Ausstellungen befördert. Weil jeder Auf- und Abbau die Anlage beansprucht, ist das Untergestell aus viereckigem Stahlrohr zusammengeschweißt. Darauf ist ein Lattengerüst befestigt, auf dem wiederum die Gleistrassen und die Geländeform errichtet wurden. Die Bahntrassen sägten die Vereinsmitglieder aus Birkenfurnier, die Geländeform wurde mithilfe von Styrofoam, einem Isoliermaterial aus dem Baustoffhandel, gestaltet.

Bescheidenes Badeidyll am Bahndamm. Perfekt durchgestaltete Szenen wie diese finden sich in Hülle und Fülle auf der Anlage. Dass auch sämtliche Fahrzeuge, wie etwa die kleine vierachsige Diesellok, selbst gebaut sind, sei nur am Rande vermerkt.

Eine Triebwagengarnitur verlässt gerade, aus dem Schattenbahnhof kommend, den Tunnel und stoppt am Haltepunkt „Vihtaranta".

Kaum zu finden: fertige Teile

Handarbeit ist kein Selbstzweck. Sie ist die einzige Möglichkeit, eine Modellbahnanlage mit finnischer Thematik zu realisieren. Fertige Teile werden nur dort eingesetzt, wo sie erhältlich sind und wo ihr Einsatz Sinn macht. So lässt sich beim Fahrzeugbau von Fall zu Fall das Getriebe eines mitteleuropäischen Lokmodells einsetzen. Oder in einem Bausatz eines deutschen Gebäudemodells findet man die passenden Fenster für eine finnische Villa.

Erst in den letzten Jahren erschienen in Finnland mehrere Bausätze von finnischen Lokomotiven und Wagen. Sie werden, was angesichts der Marktgröße leicht verständlich ist, in der Regel nur in kleineren Serien hergestellt. Eine Lieferung erfolgt manchmal nur gegen Vorbestellung.

Als Baumaterialien setzen finnische Modellbahner oft geätztes Messing oder Neusilber ein. Dreidimensionale Teile entstehen aus Weißmetall, Bronze oder Polyurethan, das in Formen gegossen wird. Viele praktizierende Modelleisenbahner beherrschen derartige Gusstechniken. Am häufigsten arbeiten sie mit Polyurethanharz und Formen aus Silikon.

Spezielle Spurweite

In Lokomotiven und Wagen laufen Radsätze, die den gängigen europäischen (NEM) oder amerikanischen (NMRA) Standards entsprechen. In vielen Bausätzen findet man die sehr feinen amerikanischen Räder. Finnische Modelle, die auf der Basis mitteleuropäischer Fertigmodelle modifiziert wurden, verfügen natürlich über NEM-Radsätze. Diese Mischung wirft vor allem bei der Wahl von betriebssicheren Weichen Probleme auf. Als beste Lösung hat sich das Code-75-Gleismaterial des englischen Herstellers Peco herauskristallisiert.

Die Spurweite der finnischen Staatsbahn beträgt 1524 mm – breiter als in Mitteleuropa und dieselbe wie in Russland. Dennoch setzen finnische Modelleisenbahner auf ihren Anlagen mitteleuropäisches Gleismaterial ein. Die Spurweite ist zwar einen Millimeter zu schmal, was jedoch als akzeptabler Kompromiss gilt, der die Hobbyausübung gegenüber dem kompletten Gleis- und Weichenselbstbau deutlich leichter macht.

Anlagen-Steckbrief

Spurweite:	H0
Baumaßstab:	1:87
Anlagengröße:	6,45 x 2,50 m
Thema:	Bf Löylymäki in Ostfinnland mit Bw und Gleisanschlüssen an eingleisiger Nebenstrecke
Rollmaterial:	Selbst- und Umbauten, Kleinserie
Gleismaterial:	Roco, Peco
Epoche:	III

Oben: Zur sparsamen Bw-Ausstattung gehört auch ein kleiner einständiger Lokschuppen.

Ein aus dem Schattenbahnhof kommender Triebwagen passiert das Einfahrsignal von Löylymäki – Fahrzeug und Signal sind natürlich selbst gebaut.

Eichsfeld in 1:120

Die Heimatverbundenheit des Leinefelder Eisenbahnclubs gab das Thema dieser Anlage vor: die Bahnstrecken des Eichsfelds. Die zwölf Mitglieder haben sich das Ziel gesetzt, die Erinnerungen an die Eisenbahn im Eichsfeld wach zu halten. Sie bauten einen imaginären Abzweigbahnhof in Anlehnung an den Bahnhof Leinefelde an der Hauptstrecke Halle–Kassel im Eichsfeld, also der Gegend zwischen Göttingen und dem südlichen Harz. Im Zuge der geplanten Nebenbahn kommen noch einige vorbildgetreue Bahnhöfe hinzu.

In Leinefelde bzw. „Glückshausen" bildet die oben genannte Hauptbahn eine Ost-West-Strecke, die bis zum Zweiten Weltkrieg eine der wichtigen Magistralen zwischen Berlin und dem Ruhrgebiet war. Darüber hinaus machte hier die berühmte „Kanonenbahn" von Berlin in Richtung Frankreich Kopf. Mit dem Eisernen Vorhang, der die Strecke bei Eichenberg unterbrach, sank ihre Bedeutung im diesem eichsfeldischen Teil rapide ab und erst durch den am 26. Mai 1990 erfolgten Lückenschluss zwischen Eichenberg und Arenshausen gewann sie wieder an Bedeutung für den durchgängigen Bahnverkehr – auch wieder bis ins Ruhrgebiet.

Im Modellbahnhof „Glückshausen" wurde der Güterbahnhof in Reihe zum Personenbahnhof gelegt (statt parallel wie in Leinefelde) um bei Vorführungen und auf Ausstellungen eine möglichst große Länge zu erzielen. Ebenfalls vorhanden ist ein Dampflok-Bw, wie es sich tatsächlich auch in Leinefelde befand.

Hier zweigt zudem die 1896 erbaute Nebenstrecke nach Duderstadt und weiter bis nach Wulften von der Hauptstrecke ab. Nachdem bei dem großen „Hauptbahnhof" auf konkrete Vorbildnachbildung verzichtet wurde, konnten bei den Nebenstrecken wesentliche Charakteristika dargestellt werden. So wurden hier der Bahnhof Worbis der Duderstädter Strecke und der Bahnhof Dingelstädt der Kanonenbahn nachgebildet.

Anlagenkonzept und Betrieb

Da die Anlage auf Ausstellungen gezeigt und betrieben wird, liegt der betriebliche Schwerpunkt auf einem reibungslosen Schaubetrieb mit bewusst eingeschränktem Rangieraufkommen. Dampfloks können aber ohne Reduzierung des sonstigen Fahrbetriebs im Betriebswerk behandelt werden. Sowohl die Hauptstrecke als auch die Nebenstrecke bilden zwei Kreise, wobei sich im Zuge der Hauptstrecke unter der Anlage in jeder Richtung ein dreigleisiger Schattenbahnhof befindet.

Der Betrieb findet mit originalgetreuen Zuggarnituren aus der Zeit der Deutschen Reichsbahn, Epochen III und IV, statt. Als Zugzusammenstellung kommen sowohl gemischte als auch Ganzzüge zum Einsatz, wie zum Beispiel solche des Zementwerkes Deuna mit 35 Wagen bzw. 70 Achsen, Containerzüge oder die für die DDR üblichen Kohleganzzüge. Im Bereich der Personenbeförderung

Fotos: Stephan Rieche

Der Güterbahnhof gehört zu den beiden großen Themen der Anlage. Im überfüllten Ausfahrbereich erhält 41 1144 Ausfahrt. Im Hintergrund überquert ein Nahverkehrszug das Talviadukt.
Linke Seite: Von der Brücke aus hat man einen guten Überblick über den Hauptbahnhof. Ein Personenzug aus Reko-Dreiachsern wird gleich den Hauptbahnhof verlassen, sobald der nächste Eilzug eingetroffen ist.
Eine 86 rangiert am Bahnübergang von Worbis (unten). EG und Güterschuppen sind direkt aneinander gebaut.

Ein Blick in den Rundschuppen verrät es: Hier werden noch ausschließlich Dampfloks eingesetzt. Die spätere Traditionslok der Deutschen Reichsbahn 01 1531 wird gerade gedreht.

Das Empfangsgebäude des Hauptbahnhofs „Glückshausen" von der Straßenseite aus betrachtet.

Unten, statt eines Gleisplans, die Anlage im Überblick. Vorn das Bw mit dem sich anschließenden Personenbahnhof „Glückstadt", dahinter der Güterbahnhof und auf dem Anlagenschenkel das Dorf Worbis mit dem ländlichen Bahnhof.

Anlagen-Steckbrief

Spurweite:	TT
Baumaßstab:	1:120
Anlagengröße:	11,10 x 1,30 m
Thema:	Durchgangsbahnhof mit abzweigender Nebenbahn nach Motiven aus dem Eichsfeld
Rollmaterial:	Tillig, Um- und Selbstbauten
Gleismaterial:	Tillig
Epoche:	III – IV

verkehren Doppelstockgliederzüge wie etwa auf der Strecke Gotha–Leinefelde oder die Reko-Dreiachser auf der Strecke Leinefelde–Teistungen.

Die Fernzüge werden aus reichsbahntypischen „langen Halberstädtern“ gebildet, den Bghw- oder Modernisierungswagen. Auch ein aus russischen Weitstreckenschlafwagen gebildeter Zug ist auf der Anlage unterwegs. Auf Wunsch jüngerer Modellbahner kommt in Ausnahmefällen aber auch mal ein unpassender ICE zum Einsatz, der sonst nur im Schattenbahnhof steht …

Die Anlage spielt zu Zeiten des Dampfbetriebes in den 70er- und 80er-Jahren: Damals waren in Leinefelde Loks der Baureihen 38, 41, 44, 50, 52, 64, 65 und 86 anzutreffen. Später kamen dann noch Dieselloks der Reihen 110, 118, 119, 120 und 132 dazu. Typisch – und daher auf der Anlage ebenfalls anzutreffen – ist der Wendezugbetrieb mit Doppelstockwageneinheiten und Dieselloks. Hinzu kommen zahlreiche Um- oder Selbstbauten.

Größe und andere Daten

Die Größe der Anlage beträgt 11,10 x 1,30 m mit einem Schenkel von nochmals 2,40 x 1,30 m. Für den Transport zu Ausstellungen ist sie

Blick auf den Güterbahnhof. Ein schwerer Ganzzug mit zwei Dampfloks der BR 41 wartet auf Ausfahrt. Im Hintergrund liegt das verschlafene „Glückshausen“. Links das Gleisbild von Dingelstädt. Prägnant: Schwellen, welche seit dem Rückbau der Strecke auf ein Gleis nie abtransportiert worden sind. Im Hintergrund das Stellpult.

transportabel und in sieben Teilstücke aufgeteilt, die zwischen 1,50 und 2,00 Meter lang sind.

Verlegt sind rund 168 Meter Gleis von Tillig, dazu kommen 75 einfache Weichen und fünf DKW. 27 Signale steuern den Zugbetrieb.

Bei den Gebäuden wurde Wert darauf gelegt, den regionalen Stil des Eichsfeldes und der Umgebung zu treffen. Dazu wurden sowohl Bausätze verwendet, die weitgehend nach Anleitung zusammengebaut wurden, als auch Umbauten aus Auhagen-Bausätzen wie etwa alle Bahnhöfe, das Kornhaus am Bahnhof Worbis und das Nebengebäude des Bahnhofes Dingelstädt.

Ständig wird an der weiteren Detaillierung der Anlage gearbeitet, so zum Beispiel am Aufbau von kleinen Szenerien oder auch der Steuerung der Anlage. Es lohnt sich daher ein Besuch auf der Homepage des Vereins unter www.eisenbahnclub-leinefelde.de.

Eine Anlage zu erbauen erfordert einiges. Es ist üblich, zuerst den Gleisplan zu erarbeiten – man hat bekanntlich „seine“ Vorstellungen! Das Gelände, die Topografie wird anschließend den noch vorhandenen „Gegebenheiten“ angepasst. Ob daraus eine „Null-acht-fünfzehn“-Anlage entsteht, ist dem Zufall überlassen oder zu verdanken. Allzu oft gleichen sich die Anlagen, weichen nur in der Ausstattung voneinander ab. Nicht so die Anlage „Le Monde Merveilleux du Comté de Monam“ von Marcel und Astrid Darphin.

Der geistige Vater dieser Anlage ist die reale Natur. Was sie geschaffen hat, haben die Darphins versucht umzusetzen. Klar hatte Marcel Darphin Vorstellungen von den ungefähren Gleiswünschen, diese sollten sich aber einer vorgegebenen Landschaft unterordnen – so wie in der Wirklichkeit auch. Darin liegt vermutlich einer der Reize und das Flair der künstlichen Landschaft, welche in wesentlichen Teilen Marcel Darphins Frau Astrid erschaffen hat.

Dass eine so große, umfangreiche und detaillierte Anlage nicht die Ar-

0

1:43,5

32 mm

Marcel Darphins Spur-0-Wunderwelt

Haltestelle der Schmalspurbahn mit dem sich in Reparatur befindenden Güterschuppen. Das große Bild gibt, vom Bahnhof aus gesehen, das ganze Dorfbild von Chêne-Bougeries-Cachin wieder. Alle Gebäude haben reale Vorbilder und wurden von Astrid Darphin gebaut und arrangiert. Nebst anderen Ladengeschäften findet der Eisenbahnbegeisterte in Chêne-Bougeries-Cachin ein Darstaed-Fachgeschäft (unten) – welch ein glücklicher Zufall!

Fotos: Rolf Ertmer, Daniel Wietlisbach

beit nur zweier, wenn auch intensiv daran arbeitender Personen sein kann, wollen auch die beiden Hauptprotagonisten hervorheben. Viele haben, in ganz unterschiedlichem Ausmaß, mitgeholfen beim Entstehen dieses Meisterwerks. Das Ergebnis war die Anlage „Le Monde Merveilleux du Comté de Monam“, die irgendwo im Mittelfrankreich der 50er-

und 60er-Jahre liegt. Wer sie selber besuchen konnte, wird dem Berichterstatter zustimmen: Sie war ein kleines Wunder – mehr gibt es da kaum zu sagen! Allerdings ein Wunder auf Zeit, denn die Anlage musste inzwischen abgerissen werden. Kurz nach Fertigstellung wurde der Anlagenraum gekündigt – Eigenbedarf!

Raffinierte Techniken

Astrid war die bewährte Landschaftsgestalterin der Anlage. Zusammen mit Marcel Darphin hat sie in vielen Stunden und Gesprächen, mit vielen Diskussionen und Versuchen der entstehenden Anlage „Leben eingehaucht"! Dazu brauchte es konkrete Vorstellungen, Geduld, Zeit, neue Ideen – und natürlich das nötige Können und Wissen sowie entsprechende Handfertigkeiten. All dies hatte der „Modellbahn-Altmeister" und praktizierende Spur-0-Liebhaber Marcel Darphin schon aus alten Zeiten mitgebracht – der Modellbahnvirus sprang vor fast 80 Jahren auf den kleinen Marcel über, beim Besuch der Spielwarenabteilung des Zuger Kaufhauses „Spörri". Doch bei alledem wäre die Anlage ohne Astrid Darphin nie zu dem geworden, was sie letztendlich ist: zur „Monde merveilleux"!

Was die Landschaft, die Gebäude und Fahrzeuge (auch das Innere) betrifft, hatte praktisch überall sie die Hände im Spiel, sprich: Sie war in irgendeiner Weise beteiligt. Wenn Marcel Darphin Doppelstockwagen baute, besorgte sie liebevoll die Inneneinrichtung, belebte diese meist mit einem „Augenzwinkern". Viele „ihrer" Szenen geben zum Schmunzeln Anlass: Der Passant im Gespräch

Das im Bild rechts stehende Bahnwärterhaus an der CFD-Haltestelle Cibert steht noch heute im Original als Block Rickenbach auf der Gotthardstrecke zwischen Immensee und Arth-Goldau.

Links: Hier gibt es Eisenbahnen auf drei Ebenen: Oben die SNCF-Magistrale, in der Mitte die Zweiglinie von Eric-les-Gien nach Chêne-Bougeries-Cachin (-Royville) mit ausfahrendem Doppelstockzug Typ ETAT, unten Meterspurstrecken der CFD mit dem Ostteil des Gleisdreiecks.

Die „modernste" Fahrrad- und Motorradwerkstätte der gesamten Grafschaft Monam wurde natürlich von Astrid Cachin geschaffen!

mit der spärlich bekleideten Nixe, ein verstecktes Liebespaar, die Nachtkatze auf dem Dach, der Maler mit seiner Staffelei, der mehrdeutige Text einer Reiterstatue, das bevölkerte Bistro, der in der Bahnhofshalle auf der Waage stehende Reisende, um nur einige wenige zu nennen.

Es muss nicht teuer sein

Nicht alles musste teuer sein – wie bei anderen Baugrößen gilt das auch auf dieser Spur-0-Anlage: Was passt und gut aussieht, wird genommen. Die in

Frankreich verbreiteten abgewinkelten Kaminrohre entstehen aus knickbaren Trinkhalmen, die in die gewünschte Form gebogen werden. Die Ladung im Zuckerrübenwagen besteht aus im Backofen getrockneten und farblich angepassten Traubenkernen, die natürlich nur an der Oberfläche eingefüllt werden. Darunter füllt eine Holz- oder Kunststoffeinlage den Wagen.

Ein anderes Beispiel sind die Pfeiler der Stahlträgerbrücke über den Bahnhof Royville. Kaum jemand wird erkennen oder erraten, aus welchem Material sie sind: aus Verlängerungsrohren eines Staubsaugers!

Gelände- und Landschaftsbau

Der Geländerohbau entsteht zunächst auf traditionelle Weise durch Holzlatten und andere der zukünftigen Form angepasste Holzteile. Auf den Holzspanten, die das Geländeprofil vorgeben, wird nicht rostendes Fliegengitter befestigt und in die gewünschte Form gedrückt. Anschließend folgt – dies ist ein wesentlicher Teil des Erfolges – das Aufschäumen von Polyurethan in einem gewissen Abstand zueinander. Dieses verläuft dann ineinander und härtet aus. Mit dem Messer wird das Ganze danach geglättet. Obendrauf kommt dann eine Schicht von in verdünntem Weißleim getränktem Zeitungspapier. Selbst Felsen lassen sich so modellieren, wenn man die Papierschicht weglässt. Das Gelände wird am nächsten Tag mittels braun eingefärbtem und verdünntem Weißleim bemalt und sofort begrünt und bepflanzt.

Vorteil: Alles wenig Gewicht, ist hinreichend stabil und verursacht beim Bohren keine weißen Gips- und Styroporabfälle, welche sich, statisch aufgeladen, überall festhalten und kaum zum Verschwinden gebracht werden können. Bäume (und anderes) können ohne Beschädigungen der Landschaft herausgezogen und wieder eingesteckt werden.

Hecken entstehen aus Topflappen, aufgeschnitten und mittels angeklebter Heki-Flocken verfeinert. Viele Naturprodukte, Pflanzen, Büsche kommen als 0-Bäume zum Einsatz, natürlich mit ganz unterschiedlichem Astwuchs.

Die Pappeln aus getrocknetem Gras werden mittels Nagel aufgespießt und so in den Untergrund gestellt. Für andere Bäume ist der Spierstrauch (Spiraea) geeignet. Er wird im Herbst abgeschnitten, Blüten und Blätter werden entfernt, die Äste etwas ausgeräumt, zurechtgeschnitten und beflockt, der Stamm anschließend gegipst und verspachtelt und zum Schluss alles mittels Textilfarben gespritzt.

Das Rohmaterial für Büsche wird in der freien Natur im Herbst „geerntet“. Dann kommt das Wachstum der Vegetation zum Stillstand, die Pflanzenteile sind viel trockener als im Frühling oder Sommer und können besser verarbeitet werden. Belaubt werden sie mit „Woodland Scenics Foliage“.

Aber auch die Geduld einer Astrid Darphin muss man haben: Das Feld aus geätzten Messing-Sonnenblumen ist ein großartiger Blickfang. Aber bis eine Sonnenblume fertig ist, sind 28 Biegungen nötig, bei 330 Sonnenblumen ergibt dies 9240 Biegungen – und bemalt mussten sie auch noch werden!

Die Brückenbauwerke der Magistrale überqueren das Bahnhofsvorfeld von Eric-les-Gien sowie die Bahnhofstraße mit dem Schmalspurgleis (linke Seite). Gerade donnert eine Pacific 231 der PLM darüber hinweg. Unter der typischen Tramway-Oberleitung der Staatstrecke vor dem Bahnhof Eric-les-Grien wartet der „Golden Mountain Pullman Express" auf Fahrgäste.

Bei einer großflächigen Anlage wie dieser ergeben sich natürlich Probleme bei der Erreichbarkeit von Gleisen und Landschaft – und Unfälle, die sich genau in diesen unzugänglichen Teilen ereignen, wird es auf allen Anlagen geben. Die Lösung des Problems besteht in Wartungsöffnungen: Von unten nach oben herausdrückbare Mannlöcher (bzw. in diesem Fall „Fraulöcher“), die so exakt bearbeitet und schließlich „belandschaftet“ sind, dass ihre Ränder nur für den „wissenden“ Beobachter erkennbar sind.

Detailausstattung und Gebäude

Stoppelfelder entstehen aus Futterstoff und werden mit Mohnblumen beschmückt. Aus schwarzem Nähfaden erhalten Felder ihre Umzäunung, Zahnspieße dienen als Pflöcke. Aus den Verkaufsnetzen von Orangen und Mandarinen werden Geländer, verstärkt wiederum durch Zahnspieße, wo sie befestigt werden. Oder es findet sich ein Zaun, der im Graupner-Katalog für Schiffsmodellbauer als Reling angeboten wird. Randrierte Schraubverschlüsse von Zahnpasta-

Bahnhofsvorplatz von Royville mit Tankstelle und regem Betrieb, im Hintergrund herrliche Pariser Stadthäuser.

Ausfahrt des Scandinavien-Express aus Royville. Er wird gebildet mit Wagen der SNCB und DSB. Vorne rechts ein „Eigenbau-Engländer" von Marcel Darphin.

tuben stellen große Blumenvasen und Pflanzkübel dar.

In Frankreich wurde in den 50er-Jahren (und wird immer noch) viel Fahrrad gefahren. Aber Fahrräder im 0-Maßstab gab es im Modell kaum zu kaufen. Also konstruierte Astrid Darphin ein Urmodell und ließ später ihre Nichte, eine Goldschmiedin, ein zweiteiliges Gussmodell herstellen. Daraus entstand eine Serie von 680 Velos ergänzt durch zusätzlich zu montierende Teile: kleinste Glasperlen als eingesetzte Lampen, Vorderräder mit drehbarem Lenker, sich drehende Pedale mit echten Tretlagern, welche mittels kleiner Reibahlen von 0,3 und 0,5 mm Durchmesser ausgerieben wurden.

Die von verschiedenen Helfern und Modellbauern erstellten Bahnhofsgebäude wurden vorwiegend in Holzbauweise, teilweise in Skelettbauart erstellt. Astrid Darphin selber setzte dagegen eine andere Bauweise und verwendete Schaumstoffplatten „System Giebisch" (dazu später mehr). In diese lassen sich Vertiefungen fürs Fachwerk einfach einritzen und mit gebeizten, exakt zugeschnittenen und

Abfahrtsszene am Scandinavien-Express (Rossi-Wagen). Während der Zugbegleiter die Passagierliste überprüft, scheinen die Reisenden und ihre Bediensteten keine Eile zu haben, das Gepäck zu verstauen und den Zug zu besteigen.

Rechts das Zentralstellwerk von Royville. Der „Locotracteur" verschiebt einen Verstärkungspackwagen.

sorgfältig aufgeklebten Balsaholzstreifen ausfüllen.

Die meisten der Modellbauwerke, die auf der Anlage stehen, sind – zumindestens dort, wo man hineinschauen kann – innen bis ins Kleinste ausgebaut. In den Häusern wird gelebt und so erfüllen die Häuser selbst wiederum die Anlage mit Leben. Ganze Wohnungseinrichtungen sind zu sehen, Wandgemälde, Spiegel und Blumen auf dem Esstisch gehören auch dazu. Manche der weißen und farbigen Gardinen bestehen aus Papierservietten, deren Lagen Astrid Darphin aufgetrennt hat (möglichst dünn!), andere aus breiten bunten Weihnachtsbändern von Geschenkverpackungen.

Die Kirchenfenster wurden mittels farbigen Filzstiften ganz einfach von innen bemalt. Sie sehen bei beleuchtetem Innenraum von außen recht realistisch aus, und wenn dann noch Orgelklänge (aufgenommen in der Kirche von Oberägeri) oder Glockengeläute zu hören sind, scheint die Illusion perfekt. Die Herstellung von Dachziegeln wurde übrigens mithilfe eines Butterrollers bewerkstelligt!

Wiederauferstehung geplant

Die großartige Spur-0-Wunderwelt „Le Monde Merveilleux du Comté de Monam“ existiert nicht mehr. Was in zwei Jahrzehnten geschaffen wurde, musste binnen sechs Wochen abgebaut werden. Fahrzeuge und Gebäude, Weichen und Signale, Figuren und Autos – alles, was wieder verwendbar ist, wurde eingelagert. Marcel und Astrid Darphin haben den Plan für eine neue, noch größere Spur-0-Anlage schon fertig gestellt und tüfteln an den Details. Eines steht schon fest: Die Bauzeit wird weniger als 20 Jahre betragen …

Anlagen-Steckbrief

Spurweite:	0
Baumaßstab:	1:43,5
Anlagengröße:	13,0 x 21,5 m
Thema:	SNCF-Hauptbahn mit abzweigender Nebenbahn und Schmalspurstrecke, Mittelfrankreich in den 50er- und 60er-Jahren
Rollmaterial:	alle Groß- und Kleinserienhersteller sowie Selbstbauten
Gleismaterial:	Haase, Ferro-Suisse, Selbstbau
Epoche:	III

H0

1:87

16,5 mm

Epoche II mit Fantasie: Kopfbahnhof Bebra

Die H0-Anlage „Bebra“ entstand in U-Form auf einer Fläche von 6 m x 3,80 m. Der Name steht für den Eisenbahnbetrieb in der Epoche II schlechthin, die Bahnanlagen entsprechen aber nicht dem Vorbild, sondern der Fantasie ihres Schweizer Erbauers. Walter Ruch wollte einen Kopfbahnhof als betrieblichen Mittelpunkt seiner Anlage, diverse Industrieanschlüsse und ein großes Bahnbetriebswerk.

Alles begann vor etwa 30 Jahren, als er auf einen Artikel über Bebra und die dortigen Bahnanlagen stieß. Eingebunden in diesen Text war sehr eindrucksvolles Bildmaterial. Als „Drehscheibe des Ostens“ wurde der Bahnhof bezeichnet, entsprechend vielfältig muss auch der Betrieb gewesen sein. Auf den Bildern aus den 30er-Jahren dominierte der Dampfbetrieb und bald stand der Entschluss fest, eine Modellbahn-Anlage aus dieser Epoche zu bauen.

Ende der 60er-Jahre fuhr Walter Ruch öfters in den süddeutschen Raum. Bevorzugtes Ziel war Rottweil und das dortige Bahnbetriebswerk. Hier konnte man noch Dampfloks erleben: Man hörte sie, man sah sie und roch sie auch – die P8 oder die legendäre 78er und nicht zuletzt die schwer arbeitenden Loks der Baureihen 50 und 52. Diese beiden zentralen Erlebnisse, die Berichte über den Betrieb in den 30er-Jahren und das direkte Erleben in den letzten Jahren des Dampfbetriebes, inspirierten ihn zum Bau einer Anlage, die er „Bebra“ nannte – ein Fantasie-Projekt, das mit dem echten Bebra nur wenig gemein hat.

Modellbahnhof „Bebra“

„Bebra“ ist ein mittelgroßer Stadtbahnhof (Kopfbahnhof) mit kleiner Industrie im unmittelbaren Bahnhofsbereich. Es sind dies eine Sägerei, ein Depot für alles Mögliche (vom Sanitärbedarf bis zu Eisenstangen) sowie eine Getränke- und Lebensmittelfirma, welche die Geschäfte in der Stadt und der näheren Umgebung beliefert.

Dann ist noch ein Unternehmer dabei, einen mittelgroßen Schuppen aufzubauen. Im Laufe der Zeit hat sich außerhalb der Stadt ein weiteres Industriegebiet entwickelt. Im Gegensatz zum ersten verfügt dieses jedoch über keinen Bahnanschluss. Aus diesem Grund hat „Bebra“ ein großes Güteraufkommen, das über die Ortsgüteranlage umgeschlagen und auf der Straße weitertransportiert werden muss.

Im Personenverkehr ist der Berufsverkehr dominierend. Im neuen Industriegebiet sind viele Arbeitsplätze geschaffen worden. Diese wurden zum Teil von auswärts lebenden Arbeitnehmern belegt. In die Stadt fahren aber auch viele Leute aus der näheren und weiteren Umgebung, teils zum Einkaufen, teils aber auch „nur“ zum Vergnügen.

Neben den regionalen Personen-, Eil- und Schnellzügen machen auch einige internationale Schnellzüge Halt in „Bebra“. So der Rheingold, der „Fliegende Hamburger“ und weitere Schnelltriebzüge. Nicht zu vergessen ist der recht umfangreiche Güterverkehr. Neben Stückgüterzügen machen auch durchgehende Güterzüge hier Kopf und fahren nach einem Lokwechsel weiter.

Planung und Bau der Anlage

Anfang der 80er-Jahre begann Walter Ruch mit dem Aufbau der Anlage. Dem ging jedoch eine recht lange Planungsphase voraus.

Von Anfang an war klar, dass „Bebra“ ein Kopfbahnhof sein würde. Ein Gleisvorfeld und ein großes Bahnbetriebswerk standen ebenfalls im

Fotos: Daniel Wietlisbach, Walter Ruch

Der Name „Bebra" steht für Eisenbahnbetrieb, vor allem in der Dampflokära, und hat mit dem bekannten hessischen Bahnknoten geografisch und gleisplanmäßig nichts zu tun. Auf dem linken Anlagenschenkel liegt der Kopfbahnhof mit den Industriegleisanschlüssen, der rechte Teil beherbergt das Bw und eine weiträumige Landschaft.

„Pflichtenheft". Die ganze Anlage sollte so aufgebaut werden, dass später ein realistischer Fahrplan-Betrieb abgewickelt werden konnte. Also durfte die nötige Infrastruktur nicht fehlen und die Gleisentwicklung musste dem Vorbild entsprechende Abläufe zulassen.

Das heutige Gesicht erhielt die ganze Anlage erst nach mehrmaligen Umbauten. So wurden die Gleisanlagen im Bahnhof als Folge einer Umgestaltung des Industriegebietes neu angepasst. Auch das Bahnbetriebswerk wurde schon einmal total abgerissen und neu aufgebaut. Später wurden dann noch, um einen erweiterten Fahrbetrieb und den Einsatz bestimmter Zugkompositionen möglich zu machen, die verdeckten Gleisanlagen ausgebaut.

Viel Arbeit machten die Eigenbauten der Industrie, zum Teil sind es Holzkonstruktionen nach eigenen Plänen oder Nachbauten von existierenden Bausätzen, die Walter Ruchs Ansprüchen nicht genügten. Wieder andere wurden lediglich angepasst.

Im Landschaftsbau kam viel Naturmaterial zum Einsatz: gewachsene Äste wurden zu Baumstämmen, das Holz in der Sägerei kommt aus dem Wald. Die Gleise wurden mit Steinschotter versehen, auf den Wegen liegt Sand oder Erde aus dem Garten.

Als Letztes gestaltete Walter Ruch die Stadt. Die Gebäude wurden farblich nachbehandelt und dann auch mit den üblichen städtischen Attributen versehen – ohne dass am Ende die Stadtatmosphäre die Bahnanlagen dominiert. Noch immer ist kein Gebäude in diesem Teil der Anlage fest mit dem Untergrund verbunden. Walter Ruch wollte sich nicht die Möglichkeit verbauen, neue Ideen einzubringen.

Die Hintergrundgestaltung entstand unter Zuhilfenahme von MZZ-Kulissen. Diese sind zum Teil in Halbreliefbauweise dreidimensional gestaltet, Lagerhäuser wurden mit Rampen

Links die Bahnhofsausfahrt mit Brückenstellwerk, unten die Partie bei der überdachten Fußgängerbrücke, rechts davon ist gerade ein Holzschuppen im Bau. Im Bild auf der rechten Seite ist der Kopfbahnhof im Überblick zu sehen.

Fotos auf dieser und den folgenden Seiten: Walter Ruch

und Vordächern versehen, Wege und Felder mit dem Pinsel nachgestaltet.

Steuerung und Fahrbetrieb

Noch nicht fertig ist – nun kehren wir zum technischen Teil der Anlage zurück – die elektrische Ausstattung.

Als Walter Ruch vor zwanzig Jahren damit begonnen hat, kannte man bestenfalls elektronisch geregelten Fahrstrom oder kleine Basteleien in dieser Richtung. Da er auf diesem Gebiet kein Fachmann ist, lag es nahe, alles so konventionell wie möglich zu verdrahten, sodass er die Übersicht behielt und bei einer Störung eingreifen kann. Die Anlage kann noch heute über Stunden störungsfrei betrieben werden und lässt einen interessanten Betrieb zu.

Fahrbetrieb heißt für Walter Ruch, vorbildgerechte Zugkompositionen realistisch auf der Anlage zu bewegen. Einfahrende Züge können „behandelt", zum Teil auch auseinander genommen (also aufgelöst und abgestellt) werden. Die Post- und Eilgutwagen werden zum Ent- und Wiederbeladen an den Bahnsteig 1 umgestellt, bestimmte Wagen zieht die Rangierlok in ein Abstellgleis und die Lok fährt ins Betriebswerk.

Das verlangt nach einem funktionsfähigen Vorfeld, nach Auszugsmöglichkeiten und einer möglichst raschen „Befreiung" der Lokomotive am Prellbock. Ein eingefahrener Zug bleibt nur so lange wie nötig am Bahnsteig. Züge, die „Bebra" als Zwischenziel anfahren, setzen ihre Fahrt nach dem Lokwechsel fort.

Ziel ist es, eine zweistündige Betriebssession ohne Entgleisungen, Zugtrennungen oder unterwegs stecken gebliebene Züge durchziehen zu können. Eine der Hauptarbeiten, um dieses Ziel zu erreichen, ist sicher die regelmäßige Gleisreinigung. Zum Unterhalt des Rollmaterials gehört das regelmäßige Putzen und Kontrollieren der Räder und Achsen.

Rollmaterial

Die Anlage ist in der Epoche II angesiedelt. Diese legt Walter Ruch großzügig aus – vom Ende der Länderbahnzeit bis in die ersten Nachkriegsjahre hinein. Es verkehren Fahrzeuge der Deutschen Reichsbahn Gesellschaft auf der Anlage, meist mit Original-DRG-Beschriftung, manchmal aber auch mit der aus den ersten Nachkriegsjahren. Vereinzelt stehen auch Wagen anderer Bahngesellschaften in den Zügen.

Für den Schnellzugdienst erbringen (neben den SVT) Loks der Baureihen 17 und 18 die Leistungen, auch eine 01 oder 05 kann man mal beobachten. Vor Personen- oder Güterzügen sieht man die Baureihen 56, 58, 91, 92, 93, 95 und 96.

Alle Wagen sind entweder mit NEM-Normrädern oder RP25-Radsätzen ausgerüstet. Sind keine entsprechenden Tauschradsätze erhältlich, erhielten die Räder auf 0,8 mm abge-

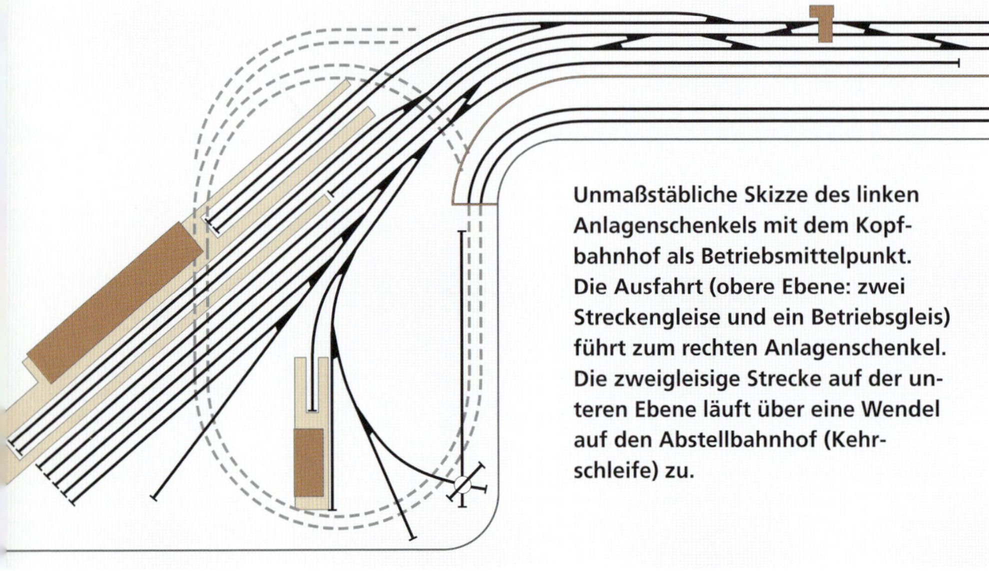

Unmaßstäbliche Skizze des linken Anlagenschenkels mit dem Kopfbahnhof als Betriebsmittelpunkt. Die Ausfahrt (obere Ebene: zwei Streckengleise und ein Betriebsgleis) führt zum rechten Anlagenschenkel. Die zweigleisige Strecke auf der unteren Ebene läuft über eine Wendel auf den Abstellbahnhof (Kehrschleife) zu.

drehte Spurkränze. Alle Fahrzeuge, die im Fahrplanbetrieb eingesetzt sind, haben Bügelkupplungen. Das Rollmaterial wird von Zeit zu Zeit mit schönen Neuheiten ergänzt und die Neuerwerbungen werden sukzessive in den Wagenumlauf integriert.

Der epochenreine Betrieb dominiert auf der Anlage von Walter Ruch, ist aber kein Dogma. Entsprechend der Devise „Erlaubt ist, was gefällt und Spaß macht“ hat er auch Freude an modernem Rollmaterial. So besitzt er einige SBB-Kompositionen, Personen- und Güterzüge der Epochen III bis V. Diese werden im „freien Spiel“ und ohne festen Fahrplan eingesetzt.

Mehr Informationen zu dieser Anlage gibt es übrigens unter www.eisenbahn-amateur.ch/ruch-walter im Internet.

Oben ein Blick aufs Bw mit Drehscheibe und Rundschuppen. Unten ein Motiv aus dem Umfeld des Bahnhofs: Der Platz für die Stadtbebauung hinter dem Empfangsgebäude ist, einschließlich Straßen und Grünflächen, großzügig bemessen. Für regen Rangierbetrieb sorgen diverse Industrieanschließer wie etwa ein Sägewerk (links).

Anlagen-Steckbrief

Spurweite:	H0
Baumaßstab:	1:87
Anlagengröße:	6,00 x 3,80 m
Thema:	mittelgroßer fiktiver Kopfbahnhof mit Bahnbetriebswerk und mehreren Industrieanschlüssen
Rollmaterial:	alle H0-Hersteller mit Epoche-II-Fahrzeugen
Gleismaterial:	Roco-Line
Epoche:	II

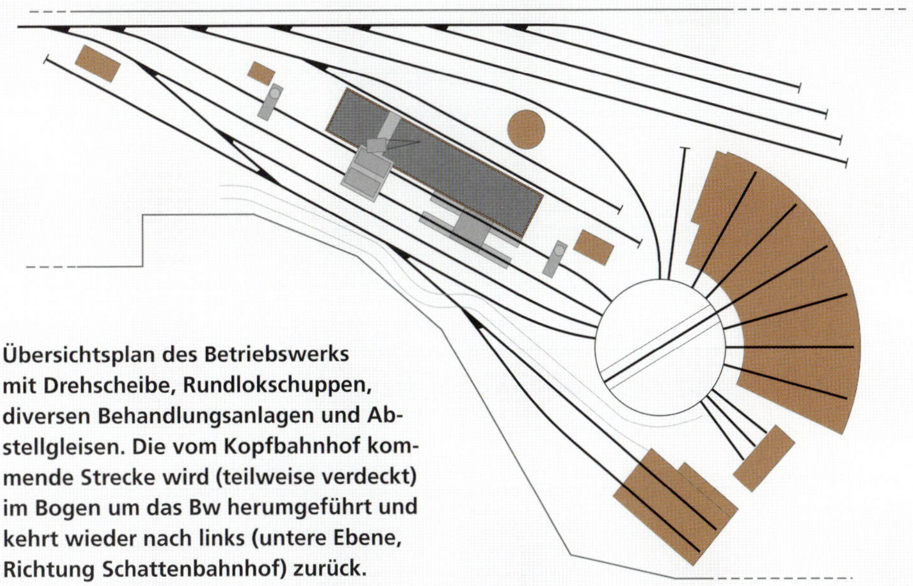

Übersichtsplan des Betriebswerks mit Drehscheibe, Rundlokschuppen, diversen Behandlungsanlagen und Abstellgleisen. Die vom Kopfbahnhof kommende Strecke wird (teilweise verdeckt) im Bogen um das Bw herumgeführt und kehrt wieder nach links (untere Ebene, Richtung Schattenbahnhof) zurück.

N

1:160

9 mm

Auf dem Kernstück der Anlage erhebt sich – immerhin 75 cm hoch – der riesige Dom. Daneben duckt sich breit und flach die Bahnsteighalle des Hauptbahnhofs.

Alt-Köln in N: 30 Jahre und kein Ende

Zu Köln hat Dr. Heinz Lingen eine besondere Beziehung. Als Heimatstadt und Hort seiner Inspiration fasziniert ihn die rheinische Metropole insbesondere im unwiederbringlich zerstörten Zustand der Epoche II. Das Köln mit seinen Eisen- und Straßenbahnen, die ihn einst dort hinbrachten, und ihn überkam das dringende Bedürfnis, etwas von meiner überquellenden Heimatliebe und die Liebe zur Eisenbahn wieder „auszuschwitzen“. Heinz Lingen zeichnete die Stadt der Vorkriegszeit nach vergilbten Fotos, wie sie ihm am besten gefielen, und er begann nach gründlichen Recherchen in allen nur erdenklichen Archiven Kölns ein Teilstück des alten Kölns im Modell-Maßstab 1:160 zu verwirklichen.

Mit der ihm eigenen Gründlichkeit realisierte er eine Modellbahnanlage, die ihresgleichen sucht. Seit etwa 30 Jahren wächst die Modellstadt im Dom- und Hauptbahnhofsbereich bis über die Hohenzollernbrücke zum Bahnhof Köln-Deutz Zentimeter um Zentimeter und füllt einen Raum von etwa 60 Quadratmetern. Das Modell des Kölner Doms nahm eine Arbeitszeit von beinahe vier Jahren in Anspruch. In den engen Straßenschluchten der Stadt, über die Hohenzollernbrücke, um den Dom herum, am Rheinufer – überall fahren handgefertigte Miniaturstraßenbahnen, die nicht größer sind als halbierte Streichholzschachteln, und in den Bahnhöfen, auf den Bahnrampen und Brücken verkehren elekrische Eisenbahnen. Zuweilen rollen acht Züge gleichzeitig – die unterschiedlichsten sämtlich handgefertigten Kölner Straßen- und Vorortbahnen – blockstellengesteuert durch die Straßenschluchten und über Plätze.

Auf den vielen Ausstellungen, die Teile dieser Anlage erlebt haben, wird immer wieder nach den verwendeten Materialien gefragt. Verschiedene Kartons, Pappe, Sperrholz, Schaumstoffe, Messing, Zinn, Kupfer, Gips, Porzellin, flexible und harte Kunststoffe aus der Zahntechnikerpraxis, profilierte Hölzer, Plexiglas, feinste Bleche usw. – die Liste der bis an die Grenzen belasteten Arbeitsmittel findet kaum ein Ende. An jedem Modellbautag gibt es neue Probleme,

Fotos: Martin Knaden

Zu allen Zeiten Kölner Stadtgeschichte ein faszinierender Blick von Köln-Deutz aus: an der Hohenzollernbrücke entlang zur Altstadt mit Hauptbahnhof, Dom und St. Martinsviertel. Köln als Verkehrsknotenpunkt zu Lande und zu Wasser – Schiffe, Eisenbahnen, Straßenbahnen, Vorortbahnen, Köln-Bonner Nahverkehrsbahnen auf der Uferstraße.

An der Uferpromenade wurden Stückgüter umgesetzt. Zuweilen ankerten auch Raddampfer der „Köln-Düsseldorfer", hier die noch heute verkehrstüchtige „Goethe".

wie mit welchem Material Optimales erreicht werden könnte.

Ein scheinbar simples, aber wichtiges Detailproblem waren unter anderem die ca. 100 000 Nietimitationen auf den filigranen Messingprofilen der fast zwei Meter langen Hohenzollernbrücke. Hier qualmten schon einige Wochen die grauen Zellen, folgten die verschiedensten, wenig befriedigenden Versuche, Nietköpfe in gleichen Abständen statisch und maßstäblich korrekt aufzubringen, bis die eingeprägte Adresse in Alufolie – beobachtet in der Presseabteilung der Bundesbahndirektion – den Groschen fallen ließ: Wenn die Schreibmaschine Buchstaben prägt, prägt sie auch Punkte, schön gleichmäßig horizontal und vertikal. Bis auf die Herkunft der Folie, die wiederum erst nach tagelangem Suchen direkt kostenlos ab Fabrik als Meterware bezogen werden konnte, war das Problem gelöst. Etwas mehr als 80 000 Nietpunkte wurden dann auf der Schreibmaschine mit dem Mittelfinger gehämmert …

Die unzähligen modellbautechnischen Schwierigkeiten und ihre Überwindung würden viele Seiten füllen. Wie motorisiert man die winzig kleinen Vorkriegsstraßenbahnen? Wie gestaltet man die ungemein subtilen gotischen Maßwerke der über 300 Fenster des Kölner Doms? Wie stellt

Am Empfangsgebäude des Hauptbahnhofs waren nur die Dächer zerstört – es hätte nach dem Krieg leicht wieder aufgebaut werden können.

Die im Modell 120 cm lange Perronhalle (links) wurde wie der Dom für die Modellbauer zu einer monatelangen Geduldsarbeit.

Kaiserpavillon und Unterführungen sind auch heute noch zu erkennen.

man das nicht minder filigrane Dachgitter des Doms her, wie das Gitterstrebewerk der Hohenzollernbrücke oder die fingernagelgroßen Droschken vor dem Kölner Hauptbahnhof oder die ebenso kleinen Oldtimerautos vor dem Deutzer Bahnhof? Wenn solche Probleme bisher auch immer wieder mehr oder weniger gut gelöst werden konnten, brauchte es doch bei der Beschaffung wichtiger Ausgangsmaterialien Hilfe und Unterstützung: Rheinisches Bildarchiv, Bundesbahndirektion, Dombaumeisterei, Verkehrsamt der Stadt Köln, Kölner Verkehrsbetriebe, Köln-Bonner Eisenbahnen und viele andere haben zumeist kostenlose Hilfe geleistet. Sie alle konnte Heinz Lingen von seiner Idee begeistern, das im gnadenlosen Bombenkrieg für immer verlorene alte Köln zum Teil im Modell auferstehen zu lassen.

1983 war das Modell des Bahnhofs Köln-Deutz anlässlich der internationalen Modellbautage 1983 im Verkehrshaus der Schweiz in Luzern – ausgezeichnet mit dem Verkehrshauspreis – ausgestellt. Noch rechtzeitig zum Jahr der romanischen Kirchen Kölns wurde dann auch das besonders heimelige St. Martinsviertel, ein Blickfang der Kölner Stadtsilhouette, fertig gestellt.

In 30-jähriger Arbeit – den Anfang machte eine Anfangspackung von

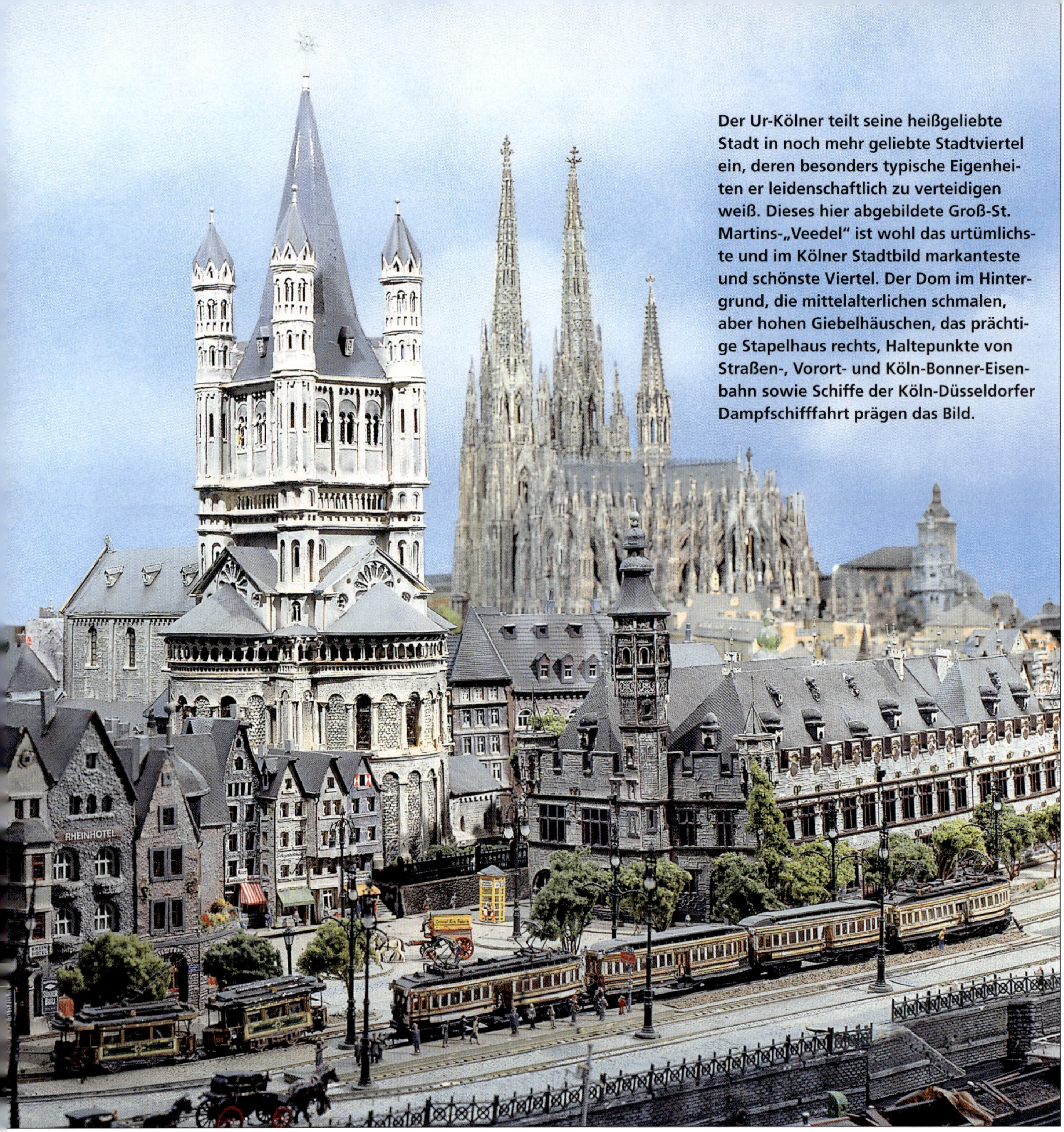

Der Ur-Kölner teilt seine heißgeliebte Stadt in noch mehr geliebte Stadtviertel ein, deren besonders typische Eigenheiten er leidenschaftlich zu verteidigen weiß. Dieses hier abgebildete Groß-St. Martins-„Veedel" ist wohl das urtümlichste und im Kölner Stadtbild markanteste und schönste Viertel. Der Dom im Hintergrund, die mittelalterlichen schmalen, aber hohen Giebelhäuschen, das prächtige Stapelhaus rechts, Haltepunkte von Straßen-, Vorort- und Köln-Bonner-Eisenbahn sowie Schiffe der Köln-Düsseldorfer Dampfschifffahrt prägen das Bild.

Arnold – ist dieses Stück Stadt- und Kulturgeschichte hineingewachsen in einen 60 Quadratmeter großen Kellerraum. Blickfang ist der Dom. Die Figurenreihen über den Portalen, die Filigranarbeit des Maßwerks, die Kreuzblumen – der gesamte Formenreichtum der Gotik wurde bis in die kleinste Einzelheit nachgebildet. Vier Jahre Arbeit, etwa vier Stunden täglich. Fast einen Meter hoch überragt der Dom die maßstabsgetreue Miniaturstadt mit Preiser-Menschen, die gerade mal 9 mm groß sind.

Daneben duckt sich der Bahnhof, breit, behäbig, im Modell ebenfalls rund einen Meter Fläche bedeckend. Eine Sisyphusarbeit die Stahl-Glas-Konstruktion von Messing und Plexiglas der Perronhalle, die in allen Einzelheiten des deutschen Renaissancestils nachgebildeten Bahnhofsgebäude, die reich verzierten Portale, die Eingangs- und Wartehallen, nichts aufgemalt, alles plastisch, mit den Händen erfahrbar.

Dom und Bahnhof waren das Herzstück von Alt-Köln. Die Jahre gingen dahin, aber Dr. Lingen baute weiter, aus Liebe zur Eisenbahn, aus Liebe zu Alt-Köln, aus Liebe zum Spiel. Das Viertel um die Kirche Groß St. Martin entstand, der Fischmarkt, Alter Markt, Bürger- und Geschäftshäuser, die Hohenzollernbrücke. Die gesamte Brückenkonstruktion mit den drei historischen Drillingseisengitterbögen wurde ebenfalls zu einer Geduldsarbeit über Monate.

Blick auf den Bahnhofskopf von Köln-Deutz als rechtsrheinischem Pendant zum Hauptbahnhof. Die dreischiffige, mächtige Perronhalle ist heute nur noch älteren Kölnern bekannt.
Unten: Wehrtortürme und ehemals verschließbare Durchfahrten zur Hohenzollernbrücke hatten durchaus verteidigungsrelevante Bedeutung.

Anlagen-Steckbrief

Spurweite:	N
Baumaßstab:	1:160
Anlagengröße:	6,00 x 10,00 m
Thema:	Eisenbahn und Nahverkehr im Zentrum Kölns der 20er- und 30er-Jahre
Rollmaterial:	überwiegend Selbstbau, Epoche-II-Modelle von Arnold, Trix, Fleischmann
Gleismaterial:	Arnold
Epoche:	II

In dieser Zeit entstand auch eine kleine Postgeschichte. Winzige historische Briefkästen, Kutschen, Automobile fertigte Heinz Lingen in stundenlanger Arbeit, kaum daumennagelgroß, aber bis hin zu den kaum noch erkennbaren Schriftzügen originalgetreu. Es entstanden Miniaturnachbildungen der ersten öffentlichen Fernsprecher mit ihren filigranen Sprossenfenstern, von Reichspostbussen etwa so groß wie eine halbe Streichholzschachtel, von alten Akkumulatoren-Autos der Post – obwohl winzig klein, aber dennoch mit den Antriebsriemen unter dem Heck des Fahrzeugs.

Aus alten Abbildungen ließen sich Details exakt herauslesen. Von Bürger- und Geschäftshäusern gibt es so gut wie keine Pläne mehr. Aus alten Fotos werden die richtigen Abmessungen ermittelt. Aus der Größe der Personen auf den Bildern in Verbindung mit einem alten vergilbten Stadtplan können die fehlenden Daten errechnet werden. So galt es auch, die filigranen reichlich verschnörkelten platzumspannenden vielarmigen Gaslaternen der Jugendstil- und Gründerzeit der Jahrhundertwende nachzubilden – geätzt, messinggedreht, kunststoffgeformt. Man lernt erst mit den Jahren, welche Materialien benutzt werden können. Es gibt im sechsköpfigen Haushalt der Familie Lingen mittlerweile niemanden mehr, der irgendetwas wegwirft.

In der abendlichen Dämmerung kommen schon die Beleuchtungen zur Geltung. Auch die Polizei hat das trübe Abblendlicht ihres Käfers eingeschaltet.

Großes Foto: Während die festgefahrene Schneedecke auf den Straßen einige Risiken birgt, sichert die Bahn die Mobilität der Reisenden.

Aus dem Wochenmarkt von Faller entstand der Weihnachtsmarkt.

Fotos: Gerhard Peter

Und die Bahn fährt immer …

Längst ist die gute alte Schaufenster-Modelleisenbahn bei Modellbahn Dörfler in Nürnberg zur guten Tradition geworden. Zumal Rudolf Böhlein, Chef des alteingesessenen Fachgeschäfts, höchstpersönlich und fachmännisch die Anlagen baut. Und dabei Erfahrungen macht, die er an seine Kunden weitergibt.

Eigentlich baut Rudolf Böhlein ja viel lieber eine Modellbahnanlage anstatt anschließend damit zu spielen. Aber eine Anlage im „Winterkleid“ war noch nie dabei. Sie sind zwar immer wieder interessant anzuschauen – aber der Selbstbau? Seine Frau und die beiden Töchter (8 und 11 Jahre alt) nervten ihn jedoch seinerzeit so lange, bis er die Winteranlage in Angriff nahm. Da es allerdings schon September war, kam nur noch etwas Kleines in Betracht, denn sie musste ja quasi zu Saisonbeginn fertig sein.

Die Planung erfolgte mit der Gleisplansoftware Wintrack. Es sollten mindestens zwei Züge abwechselnd im Einrichtungsverkehr und ein Zug im Pendelbetrieb fahren. Bei der gewählten Anlagengröße von 120 x 130 cm verzichtete Rudolf Böhlein bewusst auf eine zweigleisige Strecke. Im Prinzip handelt es sich um einen Kreis, der durch eine doppelte Kreuzungsweiche um einen Dreiviertelaußenkreis erweitert wurde. Als Gleismaterial kam Roco-Line mit Bettung zum Einsatz. Damit es nicht wie „auf einer Platte“ wirkt, baute er einen Rahmen aus Dachlatten (23 x 46 mm) und setzte die Gleisebene 10 cm über den Rahmen. Dadurch entstand auch Platz für den zugeschneiten Fluss mit der Brücke.

Vor dem Anlagenbau standen Experimente mit diversen Materialien zur Schneedarstellung. Auch Tests an Gebäuden sind zum Sammeln von Erfahrungen wichtig. Letztendlich fiel die Wahl auf das Schneepulver von Busch. Dieses Material wird leicht

Nebenbahntypische Fahrzeuge wie der VT 98 sind ideal für eine kleine Winteranlage mit engen Radien. Auch wenn bis zu 85 cm lange Züge verkehren können, haben auch die kurzen etwas für sich.

Links Mitte: Der Bahnhof schwingt sich im Bogen um das Ensemble, bestehend aus Kirche und Weihnachtsmarkt.

Unten die Anlage in der Gesamtansicht, die den Gleisplan problemlos ersetzt.

Anlagen-Steckbrief

Spurweite:	H0
Baumaßstab:	1:87
Anlagengröße:	1,20 x 1,30 m
Thema:	kleiner Bahnhof an eingleisiger Nebenstrecke
Rollmaterial:	Roco, Fleischmann, Piko
Gleismaterial:	Roco-Line
Epoche:	III – IV

Während der Weihnachtsmarkt Kunden anlockt, tobt auf dem Berg das Leben bei guten Ski- und Rodelverhältnissen. Eine Berghütte bietet die Möglichkeit der Einkehr.

Weichen und DKW sind realistisch und ohne Betriebsbeeinträchtigung „eingeschneit“. Die Wirkung der Weichenheizungen ist im Bereich der Weichenzungen deutlich erkennbar.

zähflüssig angerührt und ist über eine Stunde verarbeitungsfähig. Dabei sollte der Zustand etwas flüssiger als geschlagene Sahne sein. Der Brei wird mit einem Pinsel auf Dächer und Landschaftsflächen aufgetragen. Zum Abschluss erfolgt mit einem feinen Teesieb nochmals ein Überzug mit dem Pulver. Das ergibt dann den Effekt von Pulverschnee. Das Schneepulver kann übrigens auch direkt in Leim eingestreut werden. Allerdings wird die Deckschicht mit dem Pulver nicht so dick. Um verharschten Schnee darzustellen, kann er mit Glasdiamantin von Heki abgestreut werden.

Zuerst wurden die fertig eingeschneiten Gleise verlegt und Lücken in der Gleisbettung mit Leim und Schneepulver kaschiert. Dann baute Rudolf Böhlein die Gebäude, alterte sie und platzierte sie eingeschneit für eine Stellprobe. Die Eiszapfen stammen übrigens von Faller.

Die Gestaltung der Felswände erfolgte mit Gips (Formen von Woodland), welcher erst nach ausreichendem Durchtrocknen eingefärbt wurde. Dabei sollte man jedoch die Gleise gut abdecken. Zum Einfärben wurden zumeist Acrylfarben von Hobbyline (Fa. Kreul, Forchheim) verwendet. In einem großen Glas (z.B. Gurkenglas – leer natürlich) vermischte Rudolf Böhlein Schwarz und Braun mit Wasser und testete es dann an einem Reststück Gips. Gefällt ihm die Kombination, wird das Gemisch mit einem „Blumensprüher“ (von der besten aller Ehefrauen „gekidnappt“) einfach auf die Felsen gesprüht. Je öfter man sprüht, umso dunkler wird der Felsen.

Beim Landschaftsbau kam Alufliegengitter, das mit Gipsbinden überzogen wurde, zum Einsatz. Der weiße Gips ist ein perfekter Untergrund für den Modellschnee. Alle anderen Flächen wurden vorher mit weißer Farbe vorgestrichen. Auch alle Bäume (Heki und Busch) wurden mit dem Pinsel und der sämigen Schneemasse „eingeschneit“.

Wichtig bei einer Winteranlage ist auch die Beleuchtung. Daher sind alle Gebäude beleuchtet. Zum Einsatz kam die Vollmer-Beleuchtung 6563. Sie ist besonders hell und hält (fast) ewig. Die Brawa-Laternen mit dem neuen Stecksystem haben sich ebenso bewährt. Signale und Pendelautomatik stammen von Viessmann. Die beleuchteten Weihnachtsbäume steuerten Noch und Busch bei. Seinen Weihnachtsmarkt gestaltete Rudolf Böhlein aus zwei Wochenmärkten von Faller.

Bald hat sich herausgestellt, dass eine Winteranlage wesentlich empfindlicher ist als eine Sommeranlage. Eine hundertprozentig feste Schneedecke erreicht man kaum. Dafür bekommt man aber Motive, die man nur sehr selten sieht und in der Wirkung ihresgleichen suchen. Die Familie ist jedenfalls in zweifacher Hinsicht begeistert. Über die schön anzusehende Winteranlage – und weil der Erbauer nach fünf Wochen Nachtarbeit endlich wieder Zeit für sie hatte...

2m

1:22,5

45 mm

Jugendtraum im Kellerraum

In jungen Jahren hat mancher zwar die Zeit, aber nicht die Möglichkeiten zum Bau einer Eisenbahn. Mit dem Eintritt ins Berufsleben kehrt sich dies dann oft um und der Traum von der eigenen Anlage bleibt ein Traum. Wer jedoch die tatkräftige Hilfe eines Freundes in Anspruch nehmen kann, erreicht schließlich doch noch die Erfüllung seiner Wünsche. So ging es dem Chef eines respektablen Handwerksbetriebes in Nürnberg: Er hat nie Zeit, aber in Hermann Riedel einen guten und überdies modellbahnbegeisterten Freund. Was will man mehr?

Im Sommer 1990 besichtigten und vermaßen die beiden Freunde den zur Verfügung stehenden Kellerraum von 4 x 5. Als Anlagenthema wählte man eine eingleisige, elektrifizierte Schmalspurbahnlinie im deutsch-schweizerischen Grenzgebiet, da sowohl Fahrzeuge der Rhätischen Bahn als auch deutsche Schmalspurfahrzeuge bereits vorhanden waren. Betriebsmittelpunkt ist der Bahnhof „Schönweiler“, der vom gleichnamigen Marktflecken ein Stück entfernt liegt. So konnte auf die Darstellung eines Ortes verzichtet werden.

Im Bahnhof Schönweiler sollten Zugkreuzungen und Überholungen möglich sein. Eine von dort ausgehende Bergbahn nach dem hoch gelegenen Skisportort „Waldau“ konnte wegen der großen Steigung von 190 ‰ nur als Zahnradbahn ausgeführt werden.

Da der Bahnhof Schönweiler auch Zugbildungsbahnhof und Endbahnhof für den Güterverkehr ist, ist die Einrichtung eines kleinen Betriebswerks mit Lokschuppen und Drehscheibe für Dampf- und Dieselloks vorhanden. Neben den drei Durchgangsgleisen für Zugkreuzungen und Überholungen gibt es auch zwei Stumpfgleise für Wendezüge und Zahnradbahn. Das Durchgangsgleis 3 wird als Betriebsgleis für Lok- und Rangierfahrten vom Bw zur Ortsgüteranlage mit Güterhalle, Laderaum und Bockkran benutzt.

Technik

Bei dieser Anlage handelt es sich nicht um eine reine Spiel- und Betriebsanlage mit Zug- und Rangierfahrten von Hand. Lediglich die Hp0-Stellung der Signale nach erfolgten Zugfahrten wird automatisch ausgelöst um Unfälle weitgehend zu vermeiden.

Die sechs Gleise des Schattenbahnhofes sind über Dioden und LGB-Relais mit Zusatzschalter geschaltet, sodass eingefahrene Züge nur in der gleichen Fahrtrichtung weiterfahren können. Die einfahrenden Züge halten selbsttätig an, können aber über Kippschalter auch auf Durchfahrt gestellt werden. Alle Schaltvorgänge durch die Loks werden über LGB-Gleiskontakte und LGB-Lokmagnete betätigt.

Aufgestellt sind vier zweiflügelige und zwei einflügelige Hauptsignale, zwei Vorsignale mit Zusatzflügel, zehn Entkupplungsgleise, zwei Lichtsignale, fünf Brücken und 50 Oberleitungsmasten. Die Quertragwerke über die Bahnhofgleise von 1 m Länge wurden aus Messing-U-Profilen mit Sprengwerken aus Messingvollmaterial und deren Abstützung aus Messing-Vierkantrohr selbst gefertigt. Die Tragseilisolatoren stammen von den Mastauslegern der dazu verwendeten Masten, ebenso die Fahrdrahtausleger mit Isolator.

Für die Oberleitung wurde der Fahrdraht von LGB verwendet. Das Tragseil hingegen besteht aus Graupner-Fesselfluglitze, ebenso die Speiseleitung der Fahrstromversorgung sowie die Freileitungen an den Holzmastleuchten. Die Bahnhofsgleise sind an Anfang und Ende fahrdraht-

Blick über die Bahnsteige von Schönweiler zum Bahnbetriebswerk, dessen zwei Schuppenstände für eine Station dieser Größe völlig ausreichen.

Unten: Die Stromzufuhr für die Fahrleitungsabschnitte erfolgt tatsächlich über die Zuleitungen der Schaltapparatur. Die Schalter selbst befinden sich jedoch auf dem Stellpult.

Am Schönweiler Lokschuppen herrscht stets rege Betriebsamkeit. Die österreichische U ist offensichtlich nur zu Gast und wendet hier.

EG und Toilettenhäuschen von Schönweiler. Die Hintergrundkulisse besteht aus großen Abzügen selbst gefertigter Fotos. Die eigentlich unpassenden Flügelsignale waren schon gekauft und sollten weiterverwendet werden – daher der Mix. Unten die Inneneinrichtungen von Erdgeschoss mit Schalterhalle (links) und oberer Wohnetage.

mäßig isoliert, damit sie einzeln über den Schaltposten und Kippschalter am Stellwerk abgeschaltet werden können. Die Fahrleitungen „unter Tage" bestehen aus Messing-Bandmaterial von 10 mm Höhe, welche mit Winkeln aus gleichem Material an die obere Platte geschraubt sind. Über 250 Glühlampen und Soffitten beleuchten Gebäude, Straßen- und Bahnhofslampen, Signale und Prellböcke.

Fünf LGB-Transformatoren und LGB-Fahrregler dienen als Stromquellen. Als Fahrstrom stehen somit 11 Ampere und für die Beleuchtung 9 Ampere zur Verfügung. Alleine das „Café Traudl am Sonnenhang" hat 20 Glühlampen und dafür einen eigenen Transformator mit 1 Ampere Leistung.

An elektromechanischen Einrichtungen sind ein voll funktionsfähiger Kohlekran mit Motor, ein Wasserkran mit Motor und ein Ladekran mit zwei Motoren und doppelter Greiferzange mit Auslösemagnet (Kräne von Pola) eingebaut. Die ehemals von Lehmann angebotene Drehscheibe mit Handantrieb wurde auf Elektroantrieb umgebaut. Als Antriebsmotor diente (wie bei den beiden Motoren im Ladekran) ein Bühler-Getriebemotor aus der LGB-Seilbahn, der den Bandriemen der Drehscheibe antreibt.

Unterbau und Gelände

Auf einem 100 mm hohen Bretterrost, welcher mit Kanthölzern und Randleisten verleimt und verschraubt ist, liegen 19 mm starke Spanplatten in 77 cm über Fußboden. Der Bretterrost wird von Kantholzbeinen getragen. Auf dieser Fläche sind weitere Kanthölzer verschraubt, die ebenfalls an 100 mm hohe Bretter aus Spanplatten geleimt und verschraubt sind. Diese bilden aber keinen geschlossenen Lattenrost, da sie nur dort angebracht werden konnten, wo keine Gleise des Schattenbahnhofs liegen. Der Bahnhof Schönweiler liegt 99 cm, der Bahnhof Waldau 174 cm über dem Fußboden.

Zur Geräuschdämmung der fahrenden Züge wurde unter die Gleiskörper eine Lage von 10 mm dicken Weichfaser-Dämmplatten geklebt. Der Geländeaufbau erfolgte teilweise mit 40 mm starken Styropor-Platten, die mit einer Heißdrahtsäge geschnitten und mit Montageschaum auf die Grundplatten geklebt wurden. Schneeberg und Sonnenhang sind mit verzinktem Fliegengitter überzogen und mit Fugenfüller für Rigips-Platten ausmodelliert. Der ist zähelastisch, bröckelt nicht so wie Moltofill oder Gips und kann dünner aufgetragen werden.

Die Felsnachbildungen wurden in

Am anderen Bahnhofskopf befindet sich die Ortsgüteranlage.

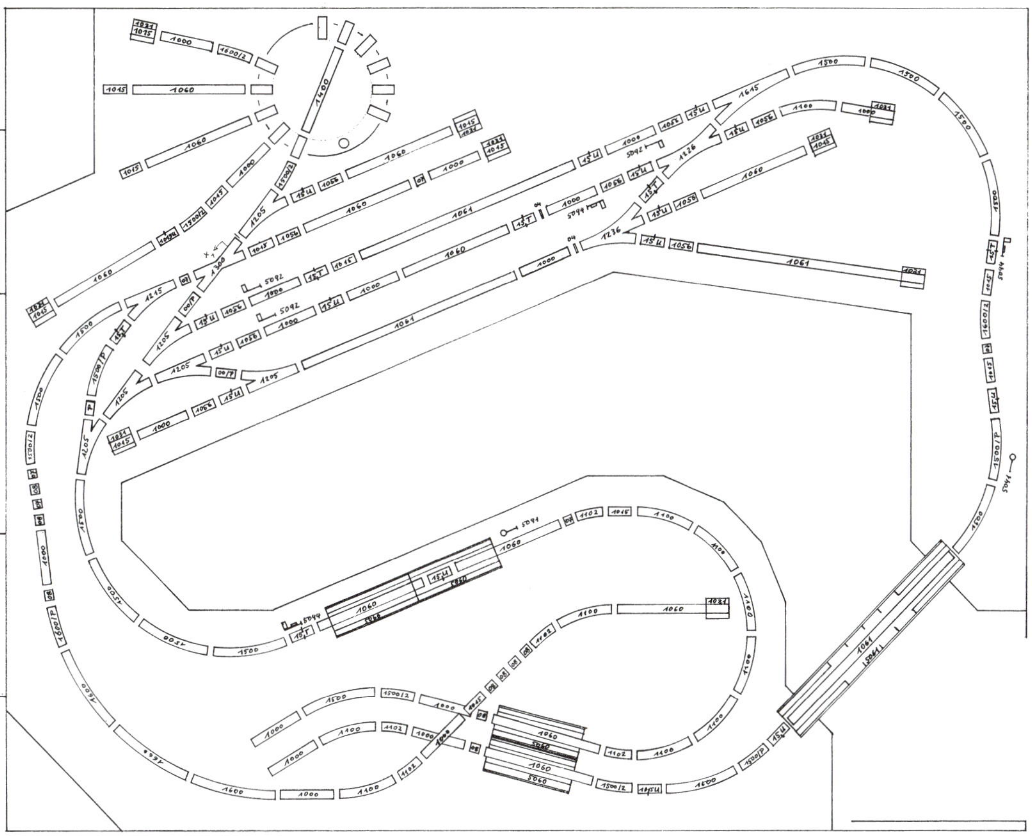

Für die Raumfläche von 5 x 4 Metern wurde der Gleisplan mittels der LGB-Planungsschablone angefertigt. Unten links befindet sich der Eingang. Die Brücke über die „Fußgängerschlucht" kann hochgeklappt werden. Unterhalb des Bahnhofs liegt außerdem ein sechsgleisiger Abstellbahnhof, der über die zweigleisige Strecke bei A erreicht wird.

HGe 2/2 Nr. 3 der Schöllenen-Bahn arbeitet sich bergwärts dem Bahnhof Waldau entgegen, während gleichzeitig 99 6001 mit einer Harzgarnitur durch das Tal dampft.

Blick über die Schneebergklamm mit dem wildrauschenden Bergbach auf die beiden hinteren Brücken, über die die doppelgleisige Strecke Richtung Schattenbahnhof führt.

gleicher Weise gefertigt und mit Stechbeitel und Stahlbürste bearbeitet. Die Farbgebung erfolgte hier mit Pulverfarben (Schwarz, Umbra, Grün, Gelb, Ocker), die mit trockenem Pinsel aufgetupft und dann gleich wieder ausgewaschen wurden. Dadurch ziehen die Pigmente in feinste Ritzen, bleiben dort dunkel und die erhabenen Stellen werden heller. Außerdem zeigen diese Felsen eine natürlich stumpfe Oberfläche.

Die Wiesenflächen erhielten dunkle Anstriche mit umbrabrauner Plakafarbe und wurden mit Fasern, die individuell aus den Grundfarben Gelb, Grün, Braun u. Schwarz angemischt wurden, bestreut. Die speziell für diesen Maßstab gefertigten langen Streufasern von 4 mm Länge wurden mit einem elektrischen Begrasungsgerät elektrostatisch aufgeschossen, wodurch die Grashalme senkrecht stehen. Der Schneeberg wurde mit weißer Dispersionsfarbe gerollt und eine Mischung aus feinstem Glimmer

und Alaun (erhältlich in Apotheken) mit Weißleim aufgeklebt. Die Bäume auf dem Schneeberg sind (logisch!) tief verschneit. Glimmer bringt auch hier das schöne Glitzern.

Das Drei-Bogen-Viadukt ist aus Sperrholz gefertigt und mit Noch-Mauerplatten verkleidet. Die ganze Konstruktion des Viadukts kann zu Revisionsarbeiten im hinteren Teil der Schlucht wie ein Schubkasten nach oben herausgezogen werden.

Das Bachbett wurde ausmodelliert und mit Plakafarben gefärbt. Danach wurden echte Felsbrocken und Kieselsteine verschiedener Größe eingeklebt. Der Bachgrund wurde mit Weißleim abgedichtet und mit Gießharz in grünlich bis glasklaren Tönungen aufgefüllt. Der Wasserfall besteht aus Klarsichtfolie, über die mehrfach Gießharz geträufelt wurde.

Alle Gebäude wurden nach der Ansichtsseite hin mit kompletter Inneneinrichtung versehen. Viele Einrichtungsgegenstände wie Tische, Stühle, Bänke, Waschbecken, Schränke, Betten, Vorhänge und Tapeten mussten selbst angefertigt werden. Die gekachelten Wände und Böden des WC-Häuschens am Bahnhof Schönweiler und in den WCs des Bahnhofs Waldau entstanden aus Kunststoff, in den mit der Feinsäge schmale Fugen kreuzweise eingesägt wurden.

Die Güterhalle verfügt über eine Büro-Ecke mit Schreibtisch, Telefon, Kasse und Waschbecken. Im Lokschuppen befindet sich eine Meisterbude mit Materialausgabe, Schreibtisch, Telefon und Kühlschrank. Das hintere Gleis verfügt über eine von unten beleuchtete Montagegrube mit Werkzeugen u. Pressluftanlage. Plattenheizkörper unter den Fenstern mit Rohrleitungen und Werkbänke mit Werkzeug und Ersatzteilen sind ebenfalls vorhanden. Ein Bockkran mit Doppelstütze und Peinerträger sowie Laufkatze und Ketten komplettierten die Werkstatt.

Die Zahnradbahn trifft soeben in Waldau ein. Während der Fahrdienstleiter zur Amtshandlung schreitet, steht in der guten Stube schon ein wärmendes Getränk in der Steingutflasche bereit.

Anlagen-Steckbrief

Spurweite:	**2m**
Baumaßstab:	**1:22,5**
Anlagengröße:	**4,00 x 5,00 m**
Thema:	**Bahnhof an eingleisiger, elektrifizierter Schmalspurlinie im deutsch-schweizerischen Grenzgebiet, Zahnrad-Bergstrecke**
Rollmaterial:	**LGB**
Gleismaterial:	**LGB**
Epoche:	**II – IV**

Stahl und Bahn im Herzen Europas

In einem belgischen Supermarkt wird man sich vielleicht noch heute an einen Kunden erinnern, der Christbaumkugeln mithilfe einer Schublehre auswählte: Es handelte sich um Jacques Quoitin, der sie zum Bau eines Hüttenwerks im N-Maßstab benötigte, welches wiederum einen zentralen Platz auf seiner bemerkenswerten N-Anlage einnimmt.

Ende der 50er-Jahre geht es der Stahlindustrie im „Gaume", in Luxemburg und in Lothringen, noch gut. Lange Erz- und Kohlenzüge verkehren auf der Linie Athus–Maas mit dem legendären Bw von Latour. Die Erzgruben von Chiers, Briey, Nancy und Longwy und die Sidelor- und Arbed-Stahlwerke sind noch voll aktiv; Arbeitslosigkeit ist weitgehend unbekannt. 500 Meter von der französischen Grenze entfernt, in Musson, vermischt sich der Qualm aus den Hochöfen der MMMH (Compagnie Minière et Métallurgique de Musson et Halanzy) mit dem Dampf aus den Schloten der Loks Baureihe 25 und 26 (BR 50 ÜK und 52), die hier noch täglich fahren. Im Bw von Latour stationiert, sind die Maschinen noch vor den schweren Erzzügen im Einsatz. Weiter südlich beherrschen die „Krokodile" der SNCF-Baureihe CC 14000 die Strecke Valenciennes–Thionville und befördern ihre Züge bis zum Grenzbahnhof von Ecouviez, wo sie belgische Lokomotiven übernehmen. In Athus bringen die „De Dietrich"-Triebwagen der CFL ganze Bataillone

Ein Kokszug rangiert vor der imposanten Kulisse des Hüttenwerks, dem der N-Maßstab nicht anzusehen ist. Rechts ein Blick in die eingerichtete Maschinenhalle.

Fotos: Jacques Le Plat

von Grenzarbeitern in die Industrieregion von Alzett, während französische BB 63000 in Doppeltraktion ihre Fracht von Longwy über Mont-St.-Martin liefern. Eine ganze Epoche, eine ganze Welt – heute längst zersplittert und zerbröckelt. Jacques Quoitin wollte sie verewigen.

Dem ahnungslosen Besucher, der durch die Klappe in der Mitte des Dachbodens den Anlagenraum betritt, raubt es für einen Moment den Atem. Zu Linken liegt auf einer eindrucksvollen „Halbinsel“ ein Hüttenwerk mit unzähligen realistischen Details. Riesengroß – trotz der 160-fachen Verkleinerung! Oder, besser gesagt, dank der Verkleinerung – denn N ist nun einmal die ideale Baugröße für eine solche Darstellung. In dem relativ kleinen Dachboden von 4,5 x 4,5 m Größe ist, ringsum unter den Dachschrägen, eine Anlage mit schön geschwungenen, großzügigen Kurven aufgebaut.

Jacques Quoitin hat ursprünglich mit einer Trix-Express-Anlage zum Modellbahnhobby gefunden. Anlässlich eines Umzugs wird dann 1980 der neue Dachboden für eine N-Anlage requiriert. Hier soll ein vertrautes Thema umgesetzt werden: die heimische Stahlindustrie und die Landschaft von Gaume und Luxemburg.

Gemäß seiner neuen Philosophie betreibt er zunächst fotografische Aufklärung: Der Bahnknotenpunkt Athus indes erweist sich als zu gigantisch für eine Nachgestaltung. Weiter im Westen entdeckt er die 1967 stillgelegten Musson-Stahlwerke, die ihm – mit einigen Vereinfachungen – durchaus für einen Nachbau geeignet erscheinen.

Auf der Suche nach weiteren Vorbildern wird er weiter im Westen beim Bw von Latour fündig und findet schließlich in Virton-St.-Mard seinen Traum-Bahnhof: Mit seinen altertümlichen hölzernen Stellwerken, den urtümlichen Vorsignalen und dem eigenartigen, ganz aus Stahl und Blech gebauten Lagerhaus stellt Virton das ideale Modellbahn-Vorbild dar.

Der Bau der Anlage beginnt, wobei Jacques Quoitin sein damals 10-jähriger Sohn Bruno bereits eine große Hilfe ist. Im Jahr 1985 ist die mittlere Zunge der Anlage schon fertig gestaltet, alle Hauptgleise sind befahrbar.

Gesamtansicht des Hüttenwerks, dessen (Vollmer-) Schornsteine Metall-Spannringe und Blitzableiter erhielten. Im Vergleich zu den Zügen werden die Ausmaße des Hüttenwerks besonders deutlich.

Der Kokszug (links) wird von einer zur belgischen Reihe 98 abgewandelten T 16 von Fleischmann gezogen.

Rechte Seite: Die Winderhitzer (Cowper-Türme) sind Benzintanks von Kibri, auf die halbierte Christbaumkugeln gesetzt wurden.

Anlagen-Steckbrief

Spurweite:	N
Baumaßstab:	1:160
Anlagengröße:	4,50 x 4,50 m
Thema:	Hüttenwerk in Südbelgien
Rollmaterial:	Arnold, Fleischmann, Minitrix, Roco
Gleismaterial:	Peco, Shinohara
Epoche:	III

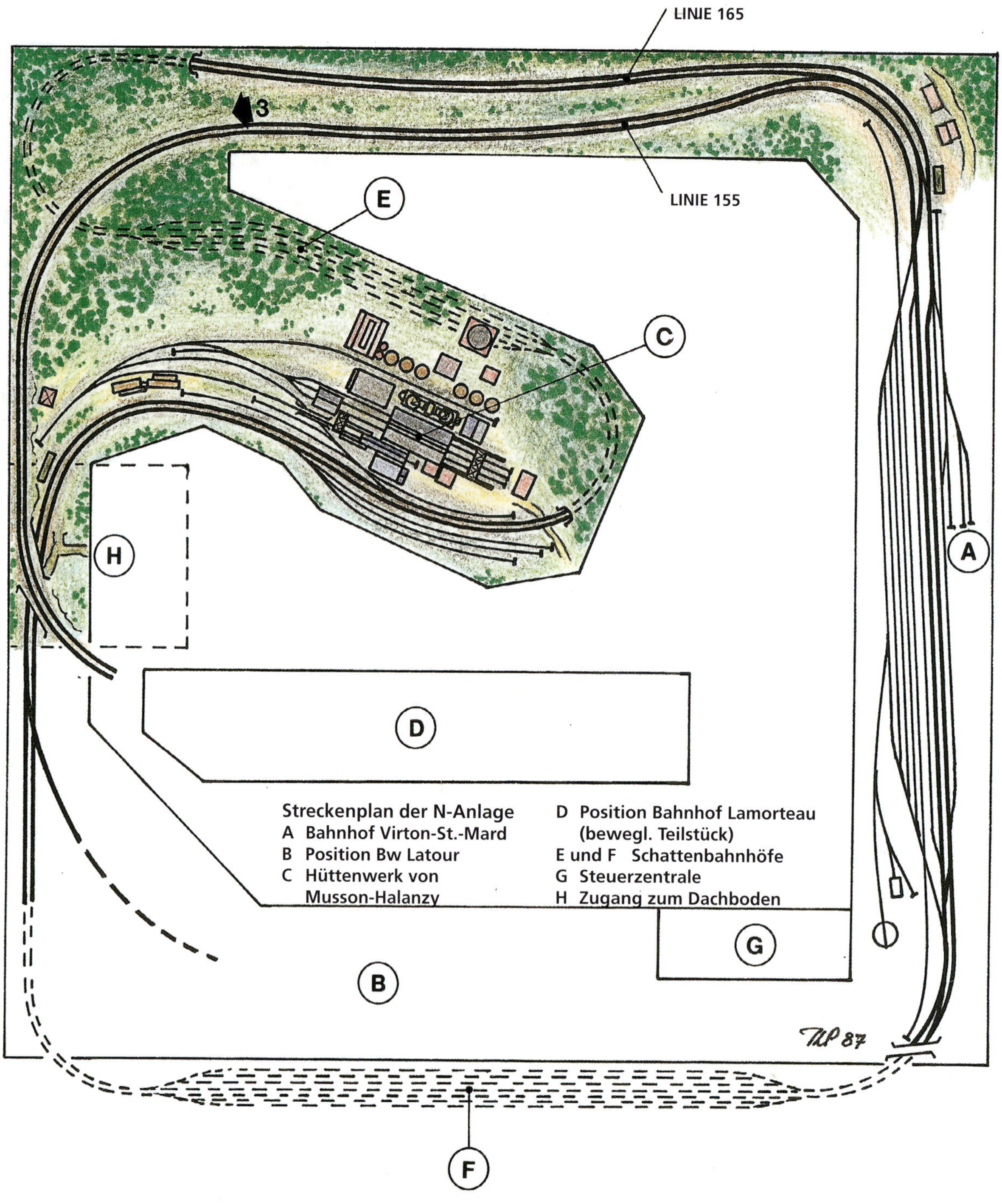

Die Steuerung ist unkompliziert: Über die Anlage und durch die Schattenbahnhöfe zieht sich, fahrstrommäßig von den übrigen Gleisen getrennt, eine zweigleisige Hauptstrecke mit zwei unabhängigen Regelkreisen. Zwei Steuerpulte mit einer ausgetüftelten Anfahr- und Bremsverzögerung leiten die Züge über die Anlage.

Gleise und Weichen sind von Peco, einige Weichen auch von Shinohara. Das rollende Material kommt von Arnold, Fleischmann, Minitrix und Roco; alle Fahrzeuge sind nach belgischen Vorbildern umgearbeitet und mit Betriebsspuren gealtert. Für N typische Probleme mit der Stromabnahme, an der es immer etwas zu verbessern und nachzurichten gibt, sieht Jacques Quoitin als den Preis, den man nun einmal für die kleinen Baugrößen zahlen muss – die aber in puncto Landschaftsgestaltung die größten Möglichkeiten bieten.

Zur Darstellung der Waldgebiete verwendet der Erbauer hauptsächlich Islandmoos, für Waldboden, Wiesen etc. Materialien von Woodland Scenics sowie selbst gesammeltes Naturmaterial wie gesiebte Erde oder kleine Pflanzen.

Die Gebäude entstanden zum größten Teil aus Kunststoffplatten; kleine und feine Teile wie z.B. Geländer bestehen aus geätztem Messingblech. Das Hüttenwerk ist eine Komposition verschiedener Kibri- und Pola-Bausätze und diverser Lebensmittel-Verpackungen; die Cowper-Türme bestehen aus Benzintanks von Kibri, auf die halbierte Christbaumkugeln gesetzt wurden …

Nahaufnahme des Hochofens, dessen Gittermaste H0-Oberleitungsmaste von Märklin sind. Die Behälter und Röhren entstanden aus Kunststoff-Verpackungsmaterial.

H0/H0m

1:87

16,5/12 mm

Weingut Vogelsang

Fotos: Bruno Kaiser

Beherrschendes Element auf der Segmentanlage ist das Weingut Vogelsang mit eigener Schmalspurbahn. Links: Wassergestaltung par excellence!

Wein, Eisenbahn und Modellbau – das passt in Serrig zusammen. Gérard Hendriks hat Motive aus Weingut und Ortschaft Serrig für seine Anlage im H0-Maßstab umgesetzt. Dabei ist die Eisenbahn mit vier Spurweiten vertreten! Aber es liegt nahe, dass eigentlich die Landschaftsgestaltung die Hauptrolle spielt.

Der Ort Serrig liegt im Saartal an der Kursbuchstrecke 630 (Saarbrücken–Trier), die staatliche Weinbaudomäne des Landes Rheinland-Pfalz liegt etwas oberhalb des Ortes hinter dem Schloss Saarfels. Zwischen 1904 und 1906 entstand in diesem Weinberg eine Feldbahn der Spurweite 600 mm mit einer Ausdehnung von 20 km, von denen zuletzt noch knapp 12 km betrieben wurden.

Von Traktoren befahrbare Wege haben unterdessen der Feldbahn ein Ende bereitet. Geblieben sind nur einige Fragmente der Gleisanlagen und ein kleiner Lokschuppen inmitten des Weinbergs. Doch die Relikte, die der Erbauer bei seinen Besuchen aufspürte, reichten – mit Unterstützung bebilderter Heimatliteratur – aus, um der Weinbergbahn ein modellbahnerisches Denkmal zu setzen.

Entstanden ist eine aus Teilstücken aufgebaute Anlage. Vier Spurweiten der Baugröße H0 finden darauf Platz: Da ist zum einen eine kleine Feldbahn, die vom Kleinstadtbahnhof zu einem Steinbruch führt. Ferner die Weinbergbahn, die trotz der Vorbildspurweite in H0e nachgebildet wurde. Außerdem gibt es noch eine Meterspurbahn (H0m), die sich mitten durch den Ort schlängelt, und die Regelspurstrecke, teilweise mit Dreischienengleis (H0/H0e).

Für die Gestaltung der Weinreben (hier wächst ein Riesling) verwendete Gérard Hendriks diese Materialien:

- Blumendraht, 0,7 mm dick, 40 cm lang
- feinen Spachtelputz mit Quarzsand
- Silflor: Sommerpappel

Zuerst werden drei oder vier Blumendrähte miteinander verdrillt. Gérard verdrillte meist zweimal drei Drähte gegen einmal vier Drähte, das erzeugt Reben von unregelmäßigem „Wuchs“ und sorgt so für ein natürliches Bild am Weinberg. Die verdrillten Drähte werden in Längen zu etwa 3 cm geschnitten um dann die Drähte dieses Drahtstücks wieder zur Hälfte auseinander zu ziehen. Das Ergebnis ist die Grundform der Weinreben: ein Stamm mit drei oder vier Ästen. Dieses Drahtgerippe wird in den eingefärbten Spachtelputz getunkt und, nach der völligen Durchtrocknung, auf den Weinberg „gepflanzt“. Die Weinreben stehen in einer Reihe mit einem Modellabstand von ca. 1,5 cm. Der Abstand zwischen den Reihen beträgt 2 cm.

Sobald die Reben am Modell-Weinberg stehen, wird zunächst der Boden vorbereitet. In Serrig stehen die Weinreben im Schiefergestein. Anlässlich des Besuches bei der Feldbahn wurde gleich etwas Schiefergestein mit nach Hause genommen, mit einem Hammer zerkleinert und in einer alten Kaffeemühle fein gemahlen. Der gemahlene Schiefer wurde dann mit drei Sieben unterschiedlicher Größe getrennt, sodass Schiefergestein in drei Körnungen zur Verfügung stand: 1 bis 2 mm, 0,5 mm und „Staub“. Das Gestein mit der groben Körnung von 1 bis 2 mm wird auf die Bodenschicht des Weinbergs geklebt. Dann wird zum zweiten Mal Schiefer aufgelegt und etwas Grün zwischen die Reben gegeben (Woodland T49 und T45). Erst zum Schluss wird der gemahlene Schiefer mit dem altbewährten Gemisch aus Wasser, Weißleim und ein wenig Spülmittel verklebt.

Anschließend wird das Silflor-Material angebracht. Dazu schneidet man von den Matten Streifen von etwa 5 cm Länge und 0,5 cm Breite und „tupft“ sie auf die Reben. Kleben ist

hier nicht nötig, denn die Streifen werden einfach auf die Äste gesteckt – und schon ist der Rebstock fertig!

Gipsabdruck aus Latex-Form

Authentisch wirkende Felswände erhält man durch Abformen von Felsbrocken aus der Natur. Also Augen geöffnet beim Durchwandern einer Schlucht, beim Besuch im Steinbruch oder anlässlich einer alpinen Tour. Drei bis vier große Steine reichen aus. Wenn alle Seiten abgeformt werden, entstehen ausreichend viele Formvarianten.

Zum Abformen verwendet man am besten Gummi-Latex (im Programm von Woodland Scenics: C 1204, Latex Rubber zu finden; auch im Bastelgeschäft erhält man Gummi-Latex). Es wird mit dem Pinsel in das abgewaschene Gestein „einmassiert“, damit die dickflüssige Substanz in alle Poren dringt. Ein spezielles Trennmittel zwischen Stein und Latex ist nicht notwendig. Beim Trocknen nimmt das Latex eine bräunliche Färbung an. Dann ist es Zeit, im Abstand von mehreren Stunden zwei bis drei weitere Schichten aufzupinseln.

In die noch feuchte, letzte Schicht werden Streifen nicht elastischer Mullbinden gelegt. Diese stabilisieren die Form und verhindern, dass die Ränder einreißen. Auf diese Gewebelage kommen nochmals vier Schichten Latex, bevor die Form mehrere Stunden aushärtet. Ist die gesamte Felswand geformt, wird der getrocknete Gips mit einem Grünpflanzen-Bestäuber eingenässt. Dieses Vorgehen verhindert, dass der Farbauftrag sofort in den Poren verschwindet.

Zunächst bringt man eine unregelmäßige „Unterfarbe“ in Form von Strichen oder Flecken an, dann trägt man den eigentlichen Grundanstrich (Acrylfarbe) auf. Als Farbtöne empfehlen sich Rotbraun oder Grau. Noch vor dem Trocknen der Farbschicht streicht man mit einer weichen, nassen Bürste über den Fels. So werden die erhabenen Stellen wieder farblos, was die Felsstruktur zur Geltung bringt. Abschließend wurde die gesamte Fläche mit stark verdünntem Schwarz bestrichen, was die tieferen Stellen hervorhebt und Schatten vortäuscht. Soll der Fels Vegetation tragen, wird verdünnter Weißleim aufgetragen und Beflockungsmaterial aufgestreut, mit dem man auch Übergangsstellen kaschieren kann.

Nachbildung von Wasser

Gießharz imitiert Wasser am besten. Das Flussbett wird aus einer starken Styroporplatte herausgeschnitten und mit Aluminium- oder Frischhaltefolie ausgekleidet. Aber auch eine dünne Gipsschicht genügt als Dichtung.

Gefälle und Stufen lassen sich mit Gips und Steinchen modellieren. Das Bachbett wird nun mit zum Fels passender Acrylfarbe gestrichen. Danach werden Uferbewuchs und Unkraut „eingepflanzt“ sowie Stützmauern, Brückenwiderlager und Felsen, die aus dem Wasser ragen sollen, eingesetzt. Geröll lässt sich mit kleinen Steinen oder Katzenstreu aus tonhaltigem Material nachbilden. An Wasserfällen oder wo starke Strömung über Felsbrocken fließt, wird zerzupfte Filterwatte aufgeklebt (Aquarium, Dunstabzugshaube).

Oberes und unteres Ende des Flusses sind mit Kork zu versperren. In einem Gummibecher – bewährt hat sich hierfür ein halbierter kleiner Ball, den man tüllenförmig biegen kann – werden die zwei Komponenten des Gießharzes angerührt. Grüne und blaue Farbe (von Revell, Humbrol oder Mo-Lak) kann zugesetzt

Die terrassenförmige Anlage der Weinberge schlägt sich auch in der Modell-Landschaftsgestaltung nieder.

Der Gegensatz zwischen der Großzügigkeit der Weinbaulandschaft und der Enge des Fachwerkstädtchens prägt die Segmentanlage „Weingut Vogelsang“.

Die Eisenbahn tritt demgegenüber deutlich zurück, trotzdem ergeben sich reizvolle Kombinationen von „Eisenbahn und Landschaft“, sogar die Betriebsmöglichkeiten in den verschiedenen Spurweiten kommen nicht zu kurz.

werden. Dieses Gemisch wird in das Flussbett eingefüllt und natürlich auch über die Filterwatte geträufelt.

Nach zwei bis vier Stunden bindet das Harz ab. Jetzt ist es an der Zeit, die Wasseroberfläche weiter zu bearbeiten: Mit einem spitzen Gegenstand wird in die glänzende Fläche gestochen. Sie reißt an dieser Stelle auf und bildet jeweils weiße „Schaumkronen". Quer zur Fließrichtung gezogene Kratzer im Harz imitieren Wasserwellen. Warme Luft aus dem Föhn verschiebt sozusagen die Harzschicht und es bilden sich leichte Wellen.

Baumherstellung

Laubbäume können aus Hortensienblüten entstehen. Ende Oktober oder Anfang November wird die Blume gepflückt und getrocknet; danach werden alle Blütenblätter behutsam abgeschnitten – eine echte Geduldsarbeit! Der Laubbaum wird durch ein Leimgemisch (vier Teile Wasser, ein Teil Weißleim und etwas Spülmittel) gerollt, damit die Beflockung, die man aufbringen will, nicht am Stamm kleben bleibt. Eventuell ist das Beflocken noch einmal zu wiederholen.

Zum Bau von Nadelbäumen (Hochstamm-Kiefern) benötigt man:

- Blumendraht, 0,7 mm dick, 40 cm lang
- Gemisch aus Wasser, Weißleim und Spülmittel
- Spachtelputz (feiner Quarzsand)
- Foliage von Woodland Scenics (F 54, „conifer green")

Zunächst werden sechs Drähte für den Stamm verdrillt. Einen der Drähte lässt man etwa 10 cm hervorragen, er wird um den unteren Teil des Stammes gewickelt. Nach etwa 10 cm wird der erste Draht nach außen geschlungen und gleich wieder an den Stamm zurückgeführt. So entsteht eine Schlinge, die anschließend zu einem Ast geformt werden kann. Die übrigen Äste werden in gleicher Weise vorbereitet.

Die Äste werden nun verdrillt und auf die passende Länge abgeschnitten. Jetzt kann man die Äste nach Belieben zurechtbiegen. Der Rohling wird in den eingefärbten Spachtelputz getunkt, nach dem Trocknen wird das Blattwerk (Foliage) mit wenig Weißleim aufgeklebt. Die Foliage wird in etwa 3 x 3 cm große Stücke geschnitten, die dann auseinander gezogen werden. Auf ganz ähnliche Weise lassen sich z.B. auch einzeln stehende Linden und andere Solitärbäume fertigen.

Anlagen-Steckbrief

Spurweite:	**H0f, H0e, H0m, H0**
Baumaßstab:	**1:87**
Anlagengröße:	**3,20 x 2,40 m**
Thema:	**Serrig an der Saar mit Weingut Vogelsang**
Rollmaterial:	**Roco, Fleischmann, Trix, Umund Selbstbauten**
Gleismaterial:	**Peco, Roco**
Epoche:	**I – II**

TT

1:120

12 mm

TT-Heimanlage – kompakt auf 1 m²

Eine Rangierszene mit T 3 und Güterwagen, der auf die Nebenbahn wechseln soll. Der Bahnhof „Unterwilden" ist geschickt im Gleisbogen angelegt (rechts), was die Nutzlänge der Gleise erhöht. Links im Hintergrund das Tunnelportal der Nebenbahn.

Auf fast quadratischer Fläche baute Frank Grembocki eine kleine, aber feine TT-Anlage. Betrieblich orientiert er sich an ostdeutschen Vorbildern, es verkehrt eine 1949 verstaatlichte Privatbahn. Natürlich sind auf der begrenzten Fläche keine betrieblichen Wunder zu erwarten. Immerhin geht die Strecke nicht nur „im Kreis herum", sondern die beiden vorhandenen Stationen sind so angelegt, dass auch ausgiebig rangiert werden kann.

Diese TT-Heimanlage veranschaulicht durch ihre Größe und die landschaftliche Gestaltung, dass man auf rund einem Quadratmeter das Hobby Modelleisenbahn in fast jeder Wohnung betreiben kann. Die Abmessungen der Anlage betragen nur 1,05 x 1,00 m. Wie schon aus der Wahl der Nenngröße TT hervorgeht, muss dazu nicht einmal auf den kleinsten Maßstab zurückgegriffen werden!

Viel Betrieb auf wenig Raum

Auf der Anlage wird eine eingleisige staatliche Nebenbahn mit mittlerem Verkehrsaufkommen dargestellt. Diese Strecke hat am vorderen Anlagenrand einen kleinen Kreuzungsbahnhof. Der Bahnhof wird von einer (in der DDR) nach dem Zweiten Weltkrieg verstaatlichten Privatbahn mitbenutzt.

Die Züge, die auf der ehemaligen Privatbahn verkehren, nutzen den Bahnhof zum Anschluss an das große Eisenbahnnetz. Hier werden Güterwagen übergeben und Anschlussreisende übernommen. Von vorne aus gesehen nach links führt die Staatsbahnstrecke in Richtung Abzweig. Der Abzweig selbst ist nicht dargestellt.

Die Staatsbahnzüge fahren dann weiter in die große Stadt (Schattenbahnhof). Die kurzen Züge kommen in der Mitte der Anlage auf der Privatbahnstrecke wieder ans Tageslicht. Hier fahren sie auf leichtem Kiesoberbau in einem großen Bogen um einen Bauernhof in den heutigen Endbahnhof ein. Früher war dies ein Durchgangsbahnhof, aber zum dargestellten Zeitpunkt ist die Strecke bis hierher schon stillgelegt. Durch die Betriebssituation der Privatbahnstrecke ist ein Umsetzen des Zuges im

Fotos: Gerhard Peter, Len de Vries

Links und unten Szenen von der Station „Unterwilden". Zu erkennen sind das Kreuzungs- und Überholgleis sowie das Freiladegleis mit Lademaß und Karren für die Viehverladung.

An der linken Bahnhofseinfahrt von „Unterwilden“ findet der Lokschuppen seinen Platz, gleich daneben der gut gestaltete Bahnübergang. Die Köf stellt gerade einen Güterwagen zu.

Typische Bahnhofsszene mit Personenzug auf dem Durchfahrgleis und ein paar Güterwagen am Ladegleis.

oberen und unteren „Endbahnhof" notwendig.

Das Entkuppeln der Fahrzeuge geschieht an bestimmten Stellen durch selbst gebaute elektrische Entkuppler, die man noch nicht mal auf den zweiten Blick erkennt. Dadurch entstehen zahlreiche Rangiermöglichkeiten, die das Fahren nie langweilig werden lassen. Auf der Anlage fahren im Ausstellungsbetrieb fünf Zuggarnituren und zwei Triebwagen plus eine zusätzliche Übergabelok, die manchmal einen einzelnen Wagen nach oben befördern muss. Gefahren wird manuell und vor allem „kreativ" – sprich: ohne eine bestimmte Reihenfolge der Züge, ohne Fahrplan, ohne Rangierzettel und Ähnliches mehr. Wenn Frank Grembocki rangiert, weiß er oft selber nicht, wie der Zug anschließend aussieht …

Gebäude selbst gebaut

Die Gebäude auf der Anlage entstanden bis auf ganz wenige Ausnahmen alle im Eigenbau und nach real existierenden Vorbildern. Zum Beispiel steht das Bahnhofsgebäude im unteren Bahnhof „Unterwilden" in natura

Auf der Strecke nach „Bölkdorf" kommt der Schienenbus an einem malerischen Gehöft (Gebäudemodell auf Auhagen-Basis) vorbei.

Auf der langen Kehre (unten) gewinnt der Zug die nötige Höhe um in die Endstation einfahren zu können.

Der Fahrzeugpark der TT-Anlage ist den betrieblich einfachen Verhältnissen angemessen und orientiert sich hauptsächlich an DR-Vorbildern. Angenommenermaßen ist die dargestellte Nebenbahnlinie eine ehemalige Privatbahn, die 1949 von den „Organen“ der DDR verstaatlicht wurde.

in Nordrhein-Westfalen an der „Freien Grunder Eisenbahn“, das Stationsgebäude im oberen Bahnhof ist eine Nachbildung des Schmalspurbahnhofes Regenwalde in Pommern (heute Polen).

Viel Wert wurde auch auf die Gestaltung der Landschaft gelegt. Diese sollte gegenüber der Eisenbahn dominieren. Bäume (teilweise aus echten Naturmaterialien), Büsche und Grünflächen sollten möglichst realistisch dargestellt werden. Ergänzt durch zahlreiche Details und Feinheiten bildet die Anlage ein harmonisches Abbild des Vorbildes – 120-fach verkleinert und auf der Fläche eines mittelgroßen Tisches.

Anlagen-Steckbrief

Spurweite:	TT
Baumaßstab:	1:120
Anlagengröße:	1,05 x 1,00 m
Thema:	eingleisige Nebenbahn mit abzweigender ehemaliger Privatbahnstrecke
Rollmaterial:	Tillig, Eigenbau
Gleismaterial:	Tillig
Epoche:	III

Statt eines Gleisplanes hier eine Gesamtansicht der nur ca. 1 m² kleinen TT-Anlage. Im Vordergrund der Anschluss- bzw. Kreuzungsbahnhof, nach hinten windet sich die ehemalige Privatbahn zur hoch gelegenen Endstation. Unten die Station „Bölkdorf" im Überblick. Nachdem der Personenzug mit seiner preußischen Garnitur eingefahren ist, setzt die T3 um.

0f

1:43,5

9 mm

Eine Insel mit zwei Bergen ...

Wir kennen sie! Wir lieben sie! Jene Insel mit zwei Bergen und dem Eisenbahnverkehr. Nun ist sie als Modelleisenbahnanlage im Maßstab 1:43,5 wieder aufgetaucht. Jim Knopf, Lukas, der Lokomotivführer und die weiteren Bewohner, Frau Waas, Herr Ärmel und der König Alfons der Viertel-vor-Zwölfte verfügen wieder über eine richtig funktionierende Inselbahn.

Die Insel Lummerland ist uns wohl allen durch die Bücher von Michael Ende und die Puppenspielfolgen der Augsburger Puppenkiste rund um Jim Knopf und Lukas, den Lokomotivführer, bekannt. Seit seinen Kindertagen träumte Helmut Heinert von Lummerland. Mittlerweile etwas älter geworden, aber gut versorgt mit den einschlägigen Büchern und Videos, hatte er vor einigen Jahren begonnen, diese Insel aus Sperrholz, Leim und Gips wieder erstehen zu lassen.

Als Modelleisenbahner ist man nach dem Studium der Videobänder leicht enttäuscht. Allzu spielzeughaft war der gezeigte Plan mit seinen Schleifen und Kreisen angelegt. Deshalb hatte Helmut Heinert sich bei schönstem Sommerwetter am dänischen Ostseestrand tiefschürfende Gedanken zum Lummerland-Verkehr gemacht und die Gleisanlagen für die Bedürfnisse der Inselbevölkerung neu entwickelt.

Die Aufgaben der Inselbahn sind die Versorgung des Schlosses mit Gütern aller Art sowie der Reiseverkehr vom Schloss zum Hafen und umgekehrt. Die Bahn fährt deshalb nicht im Kreis, sondern von Endpunkt zu Endpunkt („point to point"). Zur möglichst reibungslosen Erfüllung dieser Aufgaben ist die Inselbahn mit den erforderlichen Gleisanlagen und Einrichtungen ausgestattet.

Die Gleisanlagen beginnen am Hafen. Da legt das Postschiff an und es werden Güter umgeschlagen. Ein Umsetzgleis, ein Gleis zum Lokschuppen sowie ein

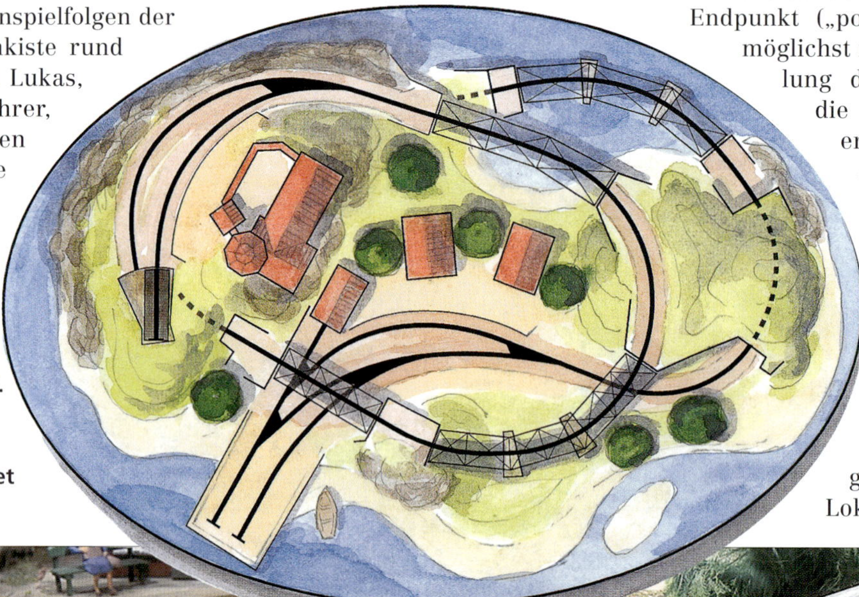

Rechts das Ei-Land und die Gleisführung der „Königlich Lummerländischen Verkehrsgesellschaft". Unten der Beginn unserer Geschichte: Ein gewisses Postpaket für Frau Waas.

Fotos: Rolf Knipper

Das kleine Schloss auf einem der beiden Berge und die (sehr) schmalspurige Eisenbahn, die sich vom Schloss zum Hafen – um nicht zu sagen vom Berg zum Meer – schlängelt.

Unten zwei Motive von der unteren Ebene mit der Zufahrt zum Hafen. Mit im Bild das blaue Haus (Fotoladen), das in der Erzählung eine Rolle spielt. Der obere Umsetzpunkt am Schloss (rechts unten) ist platzmäßig so beschränkt, dass eine Schwenkbühne als Weichenersatz zum Einsatz kommen muss; im Bild ein selbst gebauter Diesel.

Abstellgleis vervollständigen die Gleisanlagen von Lummerland-Hauptbahnhof.

Wegen der schwierigen Geländebedingungen (Insel mit zwei Bergen) führt die Strecke, ständig steigend, über allerlei technische Kunstbauwerke wie Brücken und Tunnels hoch zum Bahnhof Schloss. Das dort dem Felsen abgerungene Bahnhofsplateau auf dem Schlosshof ist so beengt, dass die Lokomotiven nur mittels einer Schwenkbühne umsetzen können.

Eine vorbildhafte Rolle spielten 15“-Bahnen, wie sie sowohl in England als auch hier auf dem Kontinent (z.B. als Parkeisenbahn) gebaut wurden. 15“ Spurweite entspricht

381 mm bei uns, 381 geteilt durch 43,5 ergibt 8,758 mm. Wenn man die Zehntelmillimeter aufrundet, erhält man eine Spurweite von 9 mm. Somit lassen sich H0e-Gleise und -Weichen und dazu Fahrgestelle aus dem N- und H0e-Bereich verwenden.

Eine wichtige Vorgabe zu dem Lummerland-Entwurf war die problemlose Transportmöglichkeit der Anlage in einem PKW zur Teilnahme an Modellbahnausstellungen. Versuche haben als Maximalmaß 1,20 x 0,80 m ergeben, wenn die Anlage in einem Stück auf die umgeklappten Rückbanklehnen passen soll. Alles dies führte zum Entwurf einer frei stehenden, ellipsenförmigen Anlage.

Die uns allen bekannte Dampflok „Emma" entstand als Eigenbau eines Modellbahnkollegen. Daneben gibt es noch „Billy", eine umgebaute Magic-Train-Dampflok auf einem N-Fahrwerk, sozusagen als Reservelok. Emma und Billy werden auf der Inselbahn von den Dieselbrüdern „Berthold" und „Ludwig" unterstützt. „Berthold" war in seiner früheren Daseinsform ein schlichtes Auto (BMW-Dixi), bis er auf ein Lokfahrgestell (Roco-H0e) gesetzt wurde. „Ludwig" hat als Vorbild eine englische Simplex-Diesellok (Wrightlines-Kit) und wird von einem Arnold-Wismarbus-Fahrwerk angetrieben. Zur Erfüllung ihrer Transportaufgaben ist die Königlich Lummerländische Schienenverkehrsgesellschaft (KLS), in Abweichung vom literarischen Vorbild, auch mit dem erforderlichen Wagenpark ausgestattet.

Kopfschütteln und Spaß

Auf Ausstellungen hat die Anlage für heftiges Kopfschütteln bei allzu ernsthaften Modelleisenbahnern gesorgt. Alle Übrigen hatten ihren Spaß an der kleinen Anlage und summten das Lummerlandlied. Viele ehemaligen Kinder aus den Sechzigern und Siebzigern fanden ihren Traum wieder, mittlerweile hatte sich die Lummerlandliebe auf die nächsten Gerationen übertragen. Es gab sehr viele Fragen zu Felsen, Wasser und karibischer Botanik zu beantworten. Die Besucher wurden ermuntert, sich Lummerland von allen Seiten anzusehen. Die häufig anzutreffende Distanz zwischen dem Bediener hinter der Anlage („Nicht mit dem Triebfahrzeugführer sprechen") und dem Betrachter wurde bewusst vermieden. Einige Damen und Herren sind bei Herrn Heinert in die Fahrschule gegangen und haben die Prüfung für das Ehrenlokführerdiplom der KLS abgelegt.

Aus Buch und Film wissen wir, dass auf der Insel Lummerland für den heranwachsenden Jim Knopf kein Platz mehr war, denn so begannen die Reiseabenteuer. Das Buch endet mit dem Einfangen einer schwimmenden Insel, die an Lummerland anwachsen sollte und auf der Jim und seine Prinzessin wohl heute noch leben. So ist es nur folgerichtig, wenn Herr Heinert eines Tages Neulummerland bauen wird. Eine Pfahljochstrecke wird vom Bahnhof Hafen zum Bf Neulummerland führen. Die Zeichnungen sind schon fertig …

Anlagen-Steckbrief

Spurweite:	0f
Baumaßstab:	1:43,5
Anlagengröße:	1,20 x 0,80 m
Thema:	Schmalspurstrecke mit Punkt-zu-Punkt-Betrieb auf „Lummerland"
Rollmaterial:	Selbstbau, Umbau auf Basis von Roco-H0e- und Fleischmann-0e-Fahrzeugen
Gleismaterial:	Peco
Epoche:	I

Brücken und sonstige Kunstbauten spielen eine große Rolle auf der Insel. Auf kühnen Konstruktionen erklimmt das Züglein den steilen Bergesrücken. Das Erscheinungsbild der ursprünglichen Dampflok orientiert sich am Modell der Augsburger Puppenkiste.

H0

1:87

16,5 mm

Die Schwäbische Alb als „Rentnerbahn“

Viel Landschaft, großzügiger Streckenverlauf, weitgehend maßstäbliche Gebäudeselbstbauten – dieser Ausschnitt des linken Anlagenteils zeigt die Grundprinzipien bei der Gestaltung. Im Vordergrund der Haltepunkt „Mühltal“.

Das war eine schwierige Entscheidung für Friedrich Schumacher: Die Gestaltung der Landschaft ist ihm ebenso wichtig wie der Bahnbetrieb. Daraus ergibt sich zwangsläufig, dass er bei der Planung seiner Anlage den Gleisverlauf sofort mit einem bestimmten Bild der Landschaft verbunden hat. Einige Entwürfe hat er schon deshalb verworfen, weil zu viel Gleise in der Landschaft verliefen. Und der Kellerraum, in dem sich die Anlage befindet, ist immerhin 10,5 m lang und 3,8 m breit – was hätte man hier alles machen können?

Übrig geblieben ist ein viergleisiger Durchgangsbahnhof, in dem eine eingleisige Strecke abzweigt. Das Ganze spielt sich im ländlichen Bereich ab – viel Landschaft, durch die die Bahn fährt. Der kleine Bahnhofsbereich und das gewählte Empfangsgebäude passen zu dem kleinen Weiler Mühltal. In der bevorzugten Epoche IV, in der selbstverständlich noch rollendes Material der Epoche III unterwegs ist, ist vor dem Bahnhof kaum etwas los.

Der Bahnhofsbereich und die beiden Durchfahrgleise sind mit einer Märklin-Oberleitung versehen, die Nebenstrecke nicht. Die beiden Abstellgruppen der Hauptbahn befinden sich zum einen „ganz unten“ auf der Ebene –10 und zum anderen „ganz oben“ bei +50 cm. Alle diese Strecken sind mit Fahrdraht überspannt.

Zwei weitere Abstellgruppen werden über die eingleisige Abzweigstrecke auf der linken Seite der Anlage angefahren. Hier sind ebenfalls die Bezeichnungen in Zentimetern über der Bahnhofsebene angegeben. Alle Abstellgruppen haben vier lange Abstell- und zwei Durchfahrgleise, eine Kehrschleife und im inneren Bereich jeweils mindestens ein weiteres Abstellgleis. Die Abstellgruppe auf Ebene +30 unterscheidet sich von den anderen, denn sie ist für Kurzzüge ausgelegt worden.

Auf der linken Anlagenseite kommen die Züge aus der Abstellgruppe -10 cm, durchfahren ganz außen den Bahnhofsbereich und „landen“ auf der rechten Seite im zweigleisigen Tunnel. Dieser Tunnel befindet sich kurz hinter dem Viadukt.

Die eingleisige Nebenstrecke mündet ebenfalls von links kommend in den Bahnhofsbereich ein. Hier stehen wieder zwei Gleise zur Verfügung, die je nach Wunsch für Hin- und Rückfahrt genutzt werden können. Auch die Züge der Nebenstrecke fahren auf die zweigleisige elektrifizierte Hauptstrecke, da es nach rechts nur eine Ausfahrt gibt, welche letztlich in die Abstellgruppe auf +50 mündet. Auf dem Weg dorthin wird aber zunächst eine zweigleisige elektrifizierte Gleiswendel durchfahren. Nach zwei und einer halben Umdrehung kommt die Strecke wieder ans Tageslicht und führt nach außen über den Viadukt auf die andere Talseite. Nach einem weiten Bogen durchfahren die Züge eine weitere Gleiswendel, um nach einer weiteren Umdrehung die Endhöhe der Ebene auf +50 cm zu erreichen.

Dort, im Anlagenraum rechts oben, erreichen die Züge die Abstellgruppe oder umfahren sie auf der gesamten

Hier weiden rund 320 Schafe in der Abendsonne – an zweibeinigen Zuschauern fehlt es nicht. Die vielen Bäume und Sträucher verdecken vielleicht das eine oder andere bahntechnische Detail, doch am Ende entspricht das Gesamtbild dem Vorbild.

Rechts beinahe eine Gesamtansicht des Weilers „Mühltal“. Beachtenswert ist, wie die einzelnen Häuser zueinander stehen. Die Fuge, die vorne durch den Hof läuft, ist unumgänglich, da das Gasthaus „Linde“ mit seinem Umfeld herausnehmbar ist.

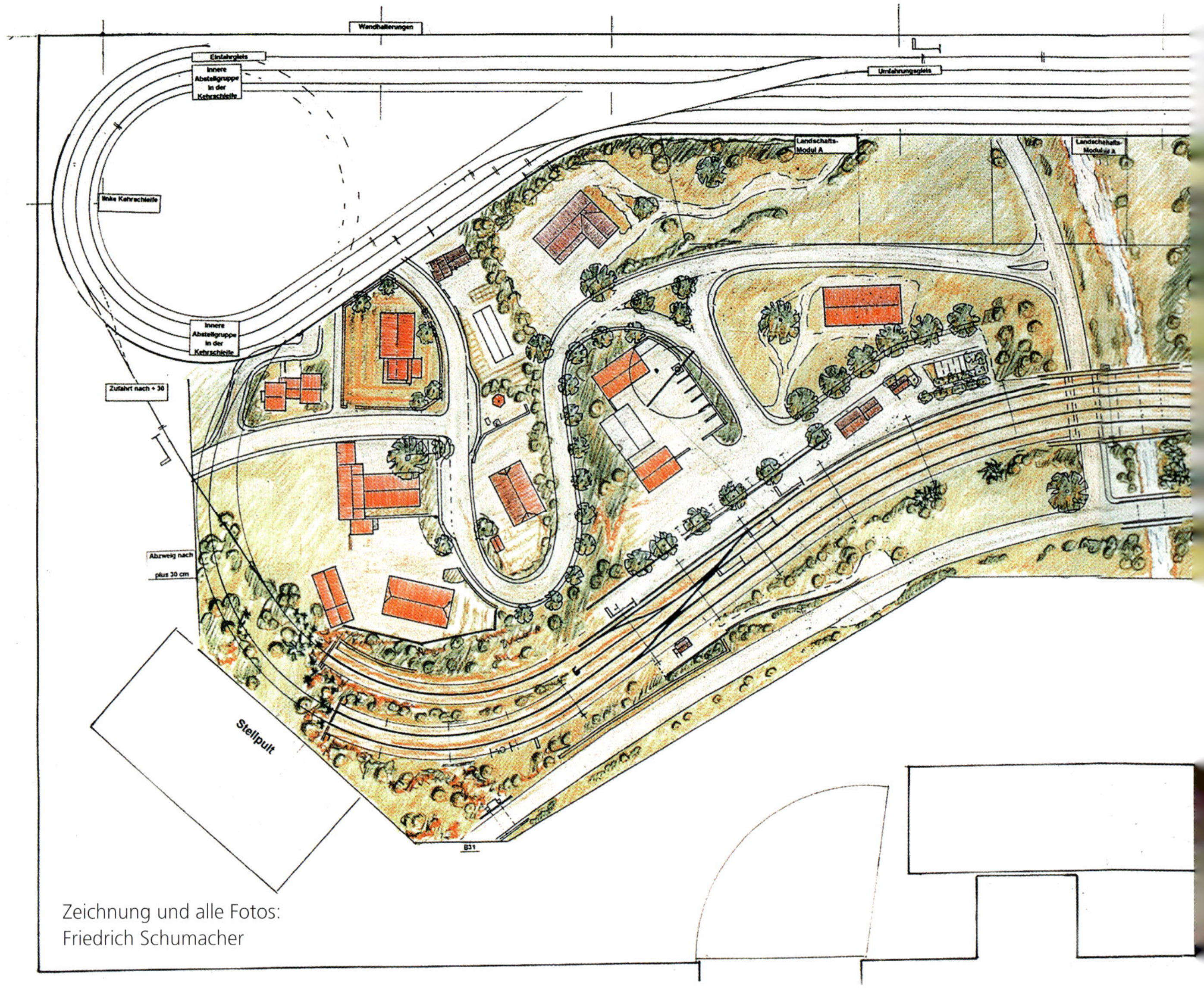

Zeichnung und alle Fotos: Friedrich Schumacher

Raumlänge bis zur gegenüberliegenden Kehrschleife – dazwischen liegen etwa zehn Meter Strecke. In jeder Kehrschleife gibt es mindestens ein zusätzliches Abstellgleis von über 4,50 Meter Länge. Jeder Zug kommt nach ca. 23 Meter langer Fahrt durch Gleiswendel sowie verdeckte Abstell- oder Umfahrgleise wieder unten rechts aus dem Tunnel heraus in den Bahnhofsbereich.

Ohne Planung geht es nicht

Das heißt: Ohne Planung gibt es keine Sicherheit. Anfangs hat Friedrich Schumacher im Maßstab 1:10 viel Bahn auf große Papierformate fantasiert. Überladung war die Folge. Erst als er in kleinen Formaten in den Maßstäben 1:25 und 1:50 skizziert und geplant hatte, fiel ihm die „Beschränkung auf weniges" leichter. Auf der Grundlage der dann getroffenen Vorentscheidungen zeichnete er einen maßstabsgetreuen 1:10-Plan. Nun konnten alle Höhen der Gleistrassen berechnet und festlegt werden.

Die Schattenbahnhöfe befinden sich nicht, wie sonst üblich, unter der Anlage. Das Konzept der „Rentnerbahn" soll es ermöglichen Fehler zu beheben, ohne unter der Anlage umherkriechen zu müssen. Daher sind die Abstellgruppen an der Rückwand des Raumes angeordnet. Die Auflagen für die Trassenbretter wurden vom Schlosser erstellt, und zwar für fünf Tischlerplatten von 36 cm Breite in einem Höhenabstand von 20 cm. Das ergibt vier Abstellgruppen plus die fünfte Auflage als „Abdeckung" der obersten Gruppe, welche zugleich als Lagerfläche für leere Kartons dient. Auf der gesamten Anlage kamen K-Gleise von Märklin zum Einsatz, sehr viele Flexgleises waren dabei und in den Wendeln auch Festgleise mit den Radien von 62 cm und 55,4 cm.

Den Platz in der Mitte des Raumes wurde von Friedrich Schumacher erst zugebaut, nachdem die Anschlüsse auf beiden Seiten der Anlage im Rohbau fertig gestellt waren. Der mittlere Radius im Gleisverlauf des zu erstellenden Bahnhofes beträgt 5,30 m. Glücklicherweise war reichlich Platz bei der Bearbeitung der viergleisigen Streckenführung vorhanden.

Erst dann konnten Probefahrten stattfinden – noch ohne Oberleitung im Bahnhofs- und Streckenbereich. Das gesamte System konnte nun unter Strom genommen werden. Selbstverständlich waren zu dem

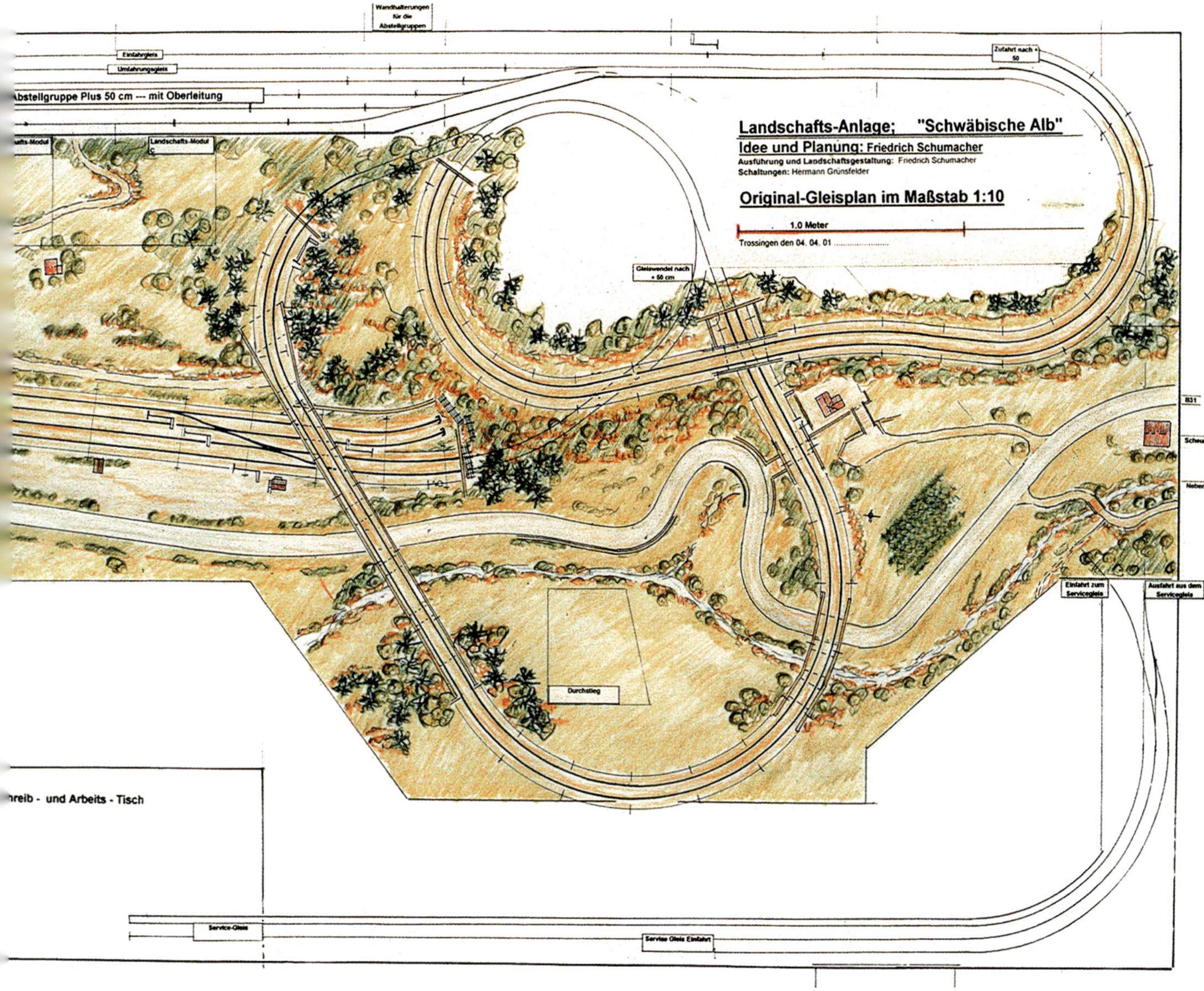

Der Original-Gleisplan ist im Maßstab 1:10 gehalten und hat eine Länge von 105 cm (Größe des Anlagenraums 10,5 x 3,8 m). Eine Vorstellung von den Proportionen gibt nachgetragene rote „Meterstab“ rechts oben. Rechts ein Überblick über die linke Anlagenhälfte – das Verhältnis von Bahn, Straße und Landschaft kommt dem gewünschten Ergebnis sehr nahe.

In der hinteren Kehre überquert die Straße den verbauten Steilabsturz eines Bachlaufes, der nur zur Schneeschmelze oder nach Sommergewittern Wasser führt.

Parallel zur Straße fließt der Mühlbach unter der Bahnstrecke hindurch. Für mutige Biker besteht der ultimative Kick darin, durchs vorbeirauschende Wasser zu radeln.

Dominantes Bauwerk auf dem rechten Teil der Anlage ist der mächtige Steinbogenviadukt, der, ohne sie sklavisch nachzubauen, Vorbildern bei der Rhätischen Bahn nachempfunden ist.

Zeitpunkt alle Trennstellen für einzubauende Signale hergestellt und überbrückt.

Elektrik und Steuerung

Gefahren wird konventionell nach dem Märklin-System (Mittelleiter-Wechselstrom) mit funktionierendem Oberleitungsbetrieb. Die Anlage ist in sechs Stromkreise unterteilt, denen jeweils ein Trafo zugeordnet ist. Die Hauptzuleitungen sind jeweils getrennt verlegt und angeschlossen. Stromanschlüsse an die Gleise wurden mit versilberten 0,7 mm starken Kupferdrähten hergestellt. Alle Anschlüsse müssen zuverlässig mit Plus oder Minus gekennzeichnet werden. Alle Kabel sind in Kabelkanälen verlegt.

Jede Abstellgruppe besitzt einen eigenen Kabelkanal. Zusätzlich verläuft ein Kanal unter dem Mittelfeld der Anlage hindurch bis zur rechten Anlagenseite. Ab hier laufen die Kabel gemeinsam bis zum Stellpult.

Selbst im Bahnhofsbereich gibt es keinen automatisch gesteuerten Betrieb. Nach Durchfahrt werden die Signale Hp 0 gestellt. Alle Ein- und Ausfahrsignale werden (da sichtbar) vom Stellpult aus per Hand gestellt. Eine Einschränkung gibt es jedoch: Immer wenn ein Zug den Bahnhof verlassen hat, wird über einen SRK ein Relais angesteuert, welches den Schaltstrom für alle in diese Richtung zeigenden Signale abstellt. Erst wenn die folgende Blockstrecke wieder frei ist, können die Ausfahrsignale des Bahnhofes wieder frei geschaltet werden.

Eine ähnliche Sicherung zur Sperrung der unbeabsichtigten Freischal-

tung mehrerer Züge gleichzeitig ist in den Ausfahrten aller Abstellgruppen installiert.

Das Stellpult entstand erst, als im Gleisbild und bei der Schaltung keine wesentlichen Veränderungen mehr zu erwarten waren. Aus der Vorbereitungsphase zur elektrischen Installation waren alle Weichen, Signale und Sperrstrecken auf Plänen durchnummeriert vorhanden. Anhand dieser Unterlagen wurden alle vorhandenen Werte in einen stilisierten Gleisplan eingetragen, der der Grundfläche des zu bauenden Stellpults entsprach.

Die Landschaft

Schon bei der Planung seiner Anlage hatte Friedrich Schumacher eine genaue Vorstellung von der Landschaft, durch die seine Bahn fahren sollte. Eines war bald klar: Er konnte sich keine Landschaftsanlage wünschen und zugleich einen Großstadtbahnhof planen. Was blieb, war ein Minibahnhof mit einem kleinen Dorf.

Nach der Fertigstellung der Bahntechnik hat er als Nächstes die Straßen (alle sind 8 cm breit) eingebaut. Und zwar zuerst in Form von Pappschablonen, die an den geplanten Stellen notdürftig befestigt wurden. Erst wenn alles an Ort und Stelle passte, hat er die Schablone auf 10-mm-Sperrholz übertragen und ausgesägt. Daher sind die Straßenteile ebenso stabil wie die Trassen der Gleise. Das Gelände zwischen den Gleisen und Straßen wurde grundsätzlich erst nach dem Einbau der Straßen und Gebäudegrundplatten gestaltet. Auf diese Weise konnten alle Geländeformen zielsicher herausmodelliert werden. Bei der eingesetzten Styroporbauweise bestand zu

Anlagen-Steckbrief

Spurweite:	**H0**
Baumaßstab:	**1:87**
Anlagengröße:	**10,50 x 3,80 m**
Thema:	**Hauptstrecke mit Durchgangsbahnhof, Nebenbahn**
Rollmaterial:	**Märklin, Mittelleiter-Wechselstrom-Modelle anderer Hersteller**
Gleismaterial:	**Märklin**
Epoche:	**IV**

jeder Zeit die Möglichkeit des Auf- und Abtragens von Gelände.

Die Styroporbauweise hat zudem einen unschlagbaren Vorteil, wenn es um die Bepflanzung geht. Der darauf aufgebrachten Gipsmasse wird bei der Endmodellierung zunächst etwa 10 % wasserlöslicher Weißleim und dann etwa 30 % feines Sägemehl beigemischt. So bleibt die Modellierschicht weich genug um später beim „Pflanzen“ nicht bohren, sondern nur vorstechen zu müssen. Um das Weiß von Styropor und Gipsmasse zu brechen, kommt außerdem etwas Abtönfarbe in die Modelliermasse – je nach Gusto kann der Farbton ins Braune oder ins Grüne tendieren. Friedrich Schumacher hat, ohne extreme Geländeformen, eine hügelige Landschaft gestaltet, wie sie auf der heimischen Schwäbischen Alb anzutreffen ist. Sie ist mit Wegen erschlossen und auch sonst ist jede Menge los. Zum Beispiel gibt es zwei Schafherden mit insgesamt rund 750 Schafen.

Großen Wert hat er auf realistische Bäume gelegt: Dabei hat sich erneut gezeigt, dass große Bäume die Anlage kleiner erscheinen lassen. Aber wie groß sind Bäume wirklich? Linden, Ahorn, Ulmen, Platanen oder Buchen werden alle über 25 Meter hoch, Fichten locker über 40 Meter. Das wären in 1:87 immerhin zwischen 28 und 46 cm … Ein Punkt mehr, in dem jeder Modellbahner zu Kompromissen finden muss, die sein Empfinden von der Eisenbahn in der Landschaft am besten treffen.

„Totale" des mittleren Anlagenteils. Rechts die Bundesstraße, von der die Zufahrt zum Weiler „Mühltal" nebst Bahnhof abzweigt und gleich darauf die Bahnstrecke unterquert.

Ein Blick von der Bahnhofstraße auf die Kreuzung Ahornweg mit der Bushaltestelle „Linde". Vorne rechts im Bild sehen wir den Übergang zur oberen Haltestelle mit dem Geißenbrunnen.

Der Geländeanschluss von Bahnstrecke und Viadukt am Gegenhang ist optimal gelöst, wozu auch die 25 cm hohen Fichten beitragen. Die Bildwirkung ist jedenfalls spektakulär.

Lernprozess in Blumendorf

Fotos: Jens Wimmel

„Learning by doing" ist im Geschäftsleben ein anerkanntes Trainingskonzept fürs Personal. Viele Anlagengestalter gehen im Grunde ja auch nach diesem Prinzip vor, wenn sie Erfahrungen in Gleisbau oder Landschaftsgestaltung sammeln wollen. So auch bei Jens Wimmel, der nach 15-jähriger Modellbahn-Abstinenz und nach zwei Jahren „Teppichbahnerei" im H0-Maßstab durch eine Krankheit im Urlaub zu einem ersten Kontakt mit der Baugröße Z kam.

In einem Fachgeschäft war eine Startpackung von Märklins Miniclubbahn im Angebot, deren Reiz sich Jens Wimmel – fern von zu Hause und ohne Modellbahn – nicht entziehen konnte. Bei nächstbester Gelegenheit wurde ausgepackt, aufgebaut und die Winzigkeit der Z-Fahrzeuge bestaunt. Die Ernüchterung folgte schnell: Die Züge rasten, hatten Kontaktschwierigkeiten und das Angebot in diversen Läden war eher mager.

Aus dem Vorhandenen das Beste zu machen, war daraufhin Jens Wimmels Leitgedanke. Auf einem Holzrest entstand ein kleiner Bahnhof mit Namen „Blumendorf", erste Ideen zu einer kleinen Anlage folgten. Statt des Miniclub-Fahrgerätes verwendete er jedoch Digitalkomponenten der Firmen Roco und Lenz. Der Decoder wurde statt in der Lok einfach am Gleis angeschlossen und die Züge ließen sich fortan mit moderaten Geschwindigkeiten fahren.

Nachdem die äußeren Anlagenmaße mit 0,60 m x 1,20 m festgelegt und diverse Auslegeversuche und Zeichnungen verworfen waren, kam dann doch ein halbwegs interessanter Gleisplan in Form einer verschlungenen Acht zustande – mit einem durchfahrbaren Abstellgleis genau unter der Bahnhofsplatte. Auf der Grundplatte wurden mittels passender Holzklötze die Rampen zum Bahnhof montiert, danach die Gleise mittels Gleisverlegeband oder auf Korkbettung verlegt. Auch der Bahnhofsbereich kam auf Holzleisten und wurde auf der Grundplatte verleimt.

Der Zugbetrieb konnte starten und schon wurden erste Schwachpunkte aufgedeckt: Das Abstellgleis machte seinem Namen alle Ehre, was dort abgestellt wurde, fuhr mit Sicherheit nach ein paar Tagen nicht mehr an. Die Loks blieben mit längeren Zügen an den Rampen hängen, für die haftreifenlosen Maschinchen war die Steigung ein Grenzfall.

Eine Modellbahn der Baugröße Z zu betreiben heißt immer, auf der Suche nach Tipps, Verbesserungen, Zubehör, Hilfe bei Problemen und nach Gleichgesinnten zu sein. Ein Modellbahnkollege von Jens Wimmel ließ sich vom speziellen Reiz der Kleinheit anstecken. Mit ihm zusammen suchte er Firmen, es wurden Kontakte geknüpft und Messen besucht um das schmale Angebot der Modellbahnläden zu erweitern – erfolgreich: Eine Liste mit über hundert Produzenten Z-geeigneter Artikel ist entstanden.

Nach ersten Landschaftsbauversuchen wurde klar, dass das Abstellgleis im Untergrund keine Zukunft hatte. Ohne Zugriffsmöglichkeit nach der Geländegestaltung wäre jedes Befahren ein Risiko gewesen. Da Länge und Breite der Anlage nicht verändert werden sollten, blieb nur das Ausweichen in die „Dritte Dimension" – ein Schattenbahnhof unter der Anlage war die Lösung. Die Grundplatte wurde teilweise ausgesägt um Platz für die Rampe nach unten zu schaffen. Auf einer separaten Platte wurde dann der dreigleisige Schattenbahnhof montiert und eine zweieinhalbfache Doppelgleis-Wendel aus Gewindestangen und Sperrholz aufgebaut.

Im Sommer 2000 fand im Berner Oberland ein Dampffest statt, bei dem Jens Wimmel als Z-Bahner die kleinste dampfende Lok stellte. Im Modellbahnzelt konnte eine Dampflok mit Rauchgenerator auf der halb fertigen Anlage ihre Runden drehen und einige Leute zum Staunen bringen. Geländebau braucht eben seine Zeit und man sollte sich nicht zwingen müssen. Trotzdem fuhren die Lokomotiven recht zuverlässig und vor allem mit moderatem Tempo gleichmäßig – dank der besseren Decoder auch ohne Erwärmung.

Betriebsmäßig war die Anlage in dieser Phase eher langweilig. Es gab lediglich einen Stromkreis und ein paar abschaltbare Gleise. Man konnte damit zwar den Zug wechseln, aber

Trotz der geringen Abmessungen von nur 1,20 x 0,60 m ist auf dieser Z-Anlage betrieblich ganz schön was los! Die Züge stellen in der Regel vorbildgetreue Kompositionen dar. Am Kreisverkehr darf man sich allerdings nicht stören.

Zur Opimierung der Fahreigenschaften der kleinen Triebfahrzeuge ging Jens Wimmel zum Digitalbetrieb über. Außerdem montierte er bei Dampfloks zusätzliche Achsschleifer am Tender um eine zuverlässigere Stromaufnahme zu erreichen. Eine dezente Alterung ist auch in Z möglich!

Anlagen-Steckbrief

Spurweite:	Z
Baumaßstab:	1:220
Anlagengröße:	1,20 x 0,60 m
Thema:	Bahnhof an eingleisiger Nebenbahn, „Kreisverkehr" mit wenigen Gleisanschlüssen
Rollmaterial:	Märklin
Gleismaterial:	Märklin, Halwa
Epoche:	III – IV

nur jeweils einen auf der Strecke in Betrieb nehmen.

Während der „Faszination Modellbau 2001" in Sinsheim sah Jens Wimmel auf einer Vorführanlage eine BR 89 im Maßstab 1:220 digital fahren. Die Firma MÜT bot den Einbau in jede Lok an – und die Fahreigenschaften und die Betriebssicherheit überraschten. Die Automatisierung per PC-Steuerung war eine weitere, verlockende Möglichkeit. Nach einer gewissen Bedenkfrist fiel die Entscheidung zur Anwendung des MÜT-Digirail-Systems bei der Z-Anlage.

Die Fertigstellung der Landschaft ist schon ziemlich weit fortgeschritten, es gibt aber auch noch Stellen mit dem Grasfaser-Einheitsgrün. Geländegestaltung ist bei einem solch kleinen Maßstab kein einfaches Unterfangen, jeder Schaumstoffkrümel ist ja schon ein Busch, für Salatköpfe kommen nur die allerkleinsten in Frage … Viele H0-Materialien lassen sich zweckentfremdet dennoch einsetzen.

Dies gilt auch für den Miniclub-Fahrzeugpark. Die meist kunststoffglänzenden Modelle kommen mit einer unterschiedlichen, dezenten Alterung und ein paar zusätzlichen Details einfach viel überzeugender rüber. Manch einer hat beim Anblick von Nahaufnahmen sogar nach der Spurweite gefragt!

Der Schwerpunkt der modellbahnerischen Aktivitäten liegt für den Erbauer dieser Z-Anlage, Jens Wimmel, eindeutig auf dem Landschaftsbau. Besonders kommt es ihm auf eine harmonische Gesamtwirkung an. Dazu tragen auch unzählige, zuweilen mit bloßem Auge kaum erkennbare Details bei, mit denen die einzelnen Szenen und Motive durchgestaltet wurden.

Wichtig sind gute Fahreigenschaften. Mit dem neuen Miniclub-Motor von Märklin und den Decodern lässt sich jede der Lokomotiven auch im Rangierbereich feinfühlig steuern. Fast glaubt man die „Masse" und das Beharrungsvermögen des Vorbilds am Regler zu spüren. Bei den Dampfloks mit starrem Fahrwerk sorgen zusätzliche Achsschleifer an den Tenderfahrwerken für besseren Kontakt. Zugegeben: Für den Sammler sind solche Eingriffe nicht zu empfehlen, da der Wert des Fahrzeugs mit jeder Veränderung sinkt, dafür steigt aber der Spiel- und Unterhaltungswert. Ein Betriebskonzept hat Blumendorf bisher nicht. Die Züge verlassen in der Regel den Bahnhof auf der einen Seite und kommen von der anderen wieder zurück – klassischer Kreisverkehr. Aber Umsetzen und Rangieren ist sowieso nicht die Stärke der kleinen Modelle ...

Mit der eingesetzten Steuerungssoftware wird in Zukunft noch einiges möglich sein, aber – ganz ehrlich – eine nette Szene oder ein winziges Detail zu gestalten ist vielen Modellbahnern doch lieber als noch so raffinierte Möglichkeiten im Fahrbetrieb! Gemütlich fahrende, schöne Züge in einer vorbildgetreuen, „lebendigen" Landschaft im Maßstab 1:220 – das war letztlich auch das Ziel des Lernprozesses von Jens Wimmel.

2m

1:22,5

45 mm

Die Clear-Creek-Line – Western-Bahn in 1:22,5

Auch wenn die LGB, die Lehmann-Groß-Bahn, oft als Gartenbahn bezeichnet wird, muss man mit ihr nicht unbedingt an die (oft sehr) frische Luft. Wer (beneidenswerterweise) einen passend dimensionierten Hobbyraum sein eigen nennt, kann die kleine Bahn auf großer Spur auch „in der guten Stube“ verkehren lassen.

Die Geschichte von Thomas Barthels LGB-Western-Anlage begann vor rund 20 Jahren. Als damals noch eingefleischter „Hanuller“ zog es ihn immer wieder in Richtung US-Modellbahnen. Da im eigenen Modellbahnkeller kein Platz mehr war, begann er im Garten seiner Eltern eine kleine LGB-Strecke zu bauen. Und die war dann vom Thema her amerikanisch. Doch das Ganze hielt nicht lange und nach einem Umzug stand zum Glück ein großer Kellerraum zur Verfügung – die Entscheidung zum Umstieg auf LGB fiel leicht.

Einen Anlagenplan hatte Thomas Barthels zunächst nicht. Zuerst baute er den heutigen Bahnhof „Silver Plume“ als Kopfbahnhof. Es sollten nur ein paar Kohlenwagen hin und her gefahren werden. Damals war nur eine nicht vorbildliche LGB-Schlepptenderlok vorhanden. Doch dann kaufte er sich die Mogul 6 von LGB. Mit dieser Lok fing auch die Beschäftigung mit dem Vorbild an. Thomas Barthels kaufte Bücher über amerikanische Bahnen und organisierte Pläne von Bahnhöfen oder Strecken. Er orientierte sich an der „Colorado & Southern“, weil seine bislang einzige vorbildgerechte Lok auch diese Beschriftung trug, und wählte als Thema die „Clear Creek Line“ dieser Gesellschaft, deren kurze Züge und recht kleine Loks vorteilhaft für eine Modellumsetzung waren.

Nachdem der Bahnhof „Silver Plume“ fertig war, wurde die Strecke weiter in Richtung der Abzweigung zur Holzverladung und Mine gebaut. Auf der anderen Seite baute Thomas Barthels hinter der Tür einen dreigleisigen offenen Abstellbahnhof namens „Denver“ mit dem Anschluss an die weite Eisenbahnwelt. Dreh- und Angelpunkt war „Silver Plume“. Dahin-

Fotos: Thomas Barthels

Linke Seite: Die recht kurzen Züge der Clear-Creek-Line benötigen keine langen Gleise, wie die Zugkreuzung beweist. Oben: Einer der seltenen Reisezüge verlässt „Silver Plume" über den Abzweig in Richtung Abstellbahnhof.

Die Western-Anlage füllt den 7,70 x 3,75 m großen Kellerraum als „An-der-Wand-Anlage".

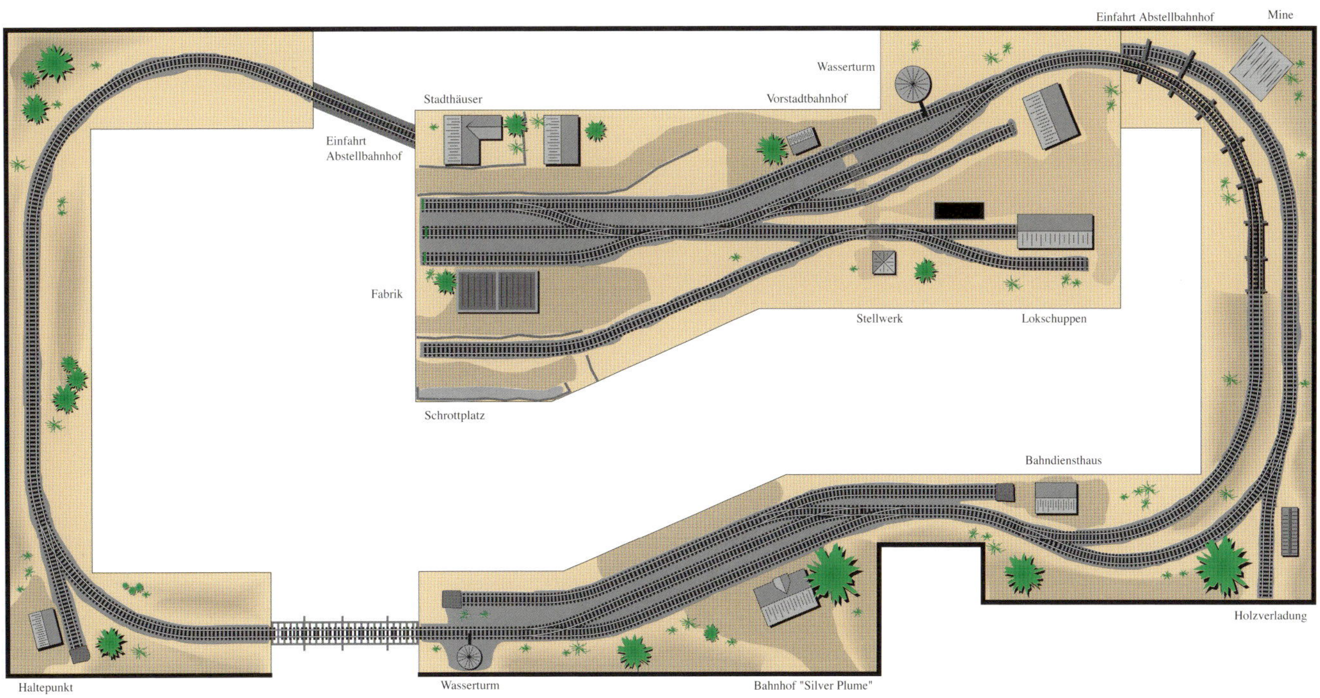

ter ging es in zwei Spitzkehren hinauf zu einem Endbahnhof mit Drehscheibe und Erzmine.

Doch so vorbildgerecht das alles auch war, es war vom Fahrbetrieb her einfach zu langweilig. Thomas Barthels wollte Züge fahren sehen und nicht immer nur rangieren. Er baute den Bahnhof „Denver 19th Street“ ab und führte stattdessen die Strecke einfach nur durch Wüstenlandschaft an der Wand entlang. Außerdem entstanden ein unterirdischer Abstellbahnhof mit vier Gleisen und eine kleine Stadt mit einem Endbahnhof. So wuchs die Anlage zu einer Ringstrecke mit Abstellbahnhof und abzweigender „Nebenbahn“.

Inzwischen fahren auf der Anlage eine Reihe von Modellgenerationen friedlich nebeneinander. LGBs Mogul 2-6-0, Forney Diesel #50, Alco Diesel DL 535 und die kleine Porter. Dazu kommt dann noch eine Normalspurlok von Aristo, die Alco RS-3. Der Bahnbetrieb ist jetzt viel abwechslungsreicher. Und man kann sich auch mal hinsetzen und die Züge nur einfach nacheinander aus dem Abstellbahnhof herausholen und einige Runden fahren lassen.

Technisch gesehen ist die Anlage ganz einfach aufgebaut. Alle Weichen, die irgendwie erreichbar sind, werden von Hand gestellt. Darüber hinaus ist eigentlich nur wichtig, dass man bei einer LGB-Anlage auf regelmäßige Stromeinspeisungen achtet. Durch die Schwankungen der Luftfeuchtigkeit in einem Keller arbeitet der Unterbau. Die Schienenverbinder der LGB-Gleise neigen manchmal dazu, den Strom nicht mehr durchzulassen. Zum Teil wurden daher Aristocraft- bzw. Revalda-Gleise verlegt. Deren Schienenverbinder sind praktischer, da sie stabiler und somit kontaktsicherer sind. Zudem sind schlanke Weichen mit Handantrieb zu einem günstigen Preis zu bekommen.

Anlagen-Steckbrief

Spurweite:	**2m**
Baumaßstab:	**1:22,5**
Anlagengröße:	**7,70 x 3,75 m**
Thema:	**schmalspurige US-Waldbahn mit Personenverkehr**
Rollmaterial:	**LGB, Bachmann, Forney, Aristocraft**
Gleismaterial:	**LGB, Aristocraft, Revalda**
Epoche:	**II – III**

Der Holzzug im Vordergrund muss die Ankunft des Schienenlasters des Bahndienstes abwarten.

Rechts Mitte: Ein Güterzug rollt in den Bahnhof „Silver Plume“ ein und muss den Gegenzug abwarten.

Der Vorortbahnhof lebt hauptsächlich vom Güterverkehr. Der Traktionswechsel ist noch im vollen Gange (oben).

Auch eine regelspurige RS-3 im US-typischen Maßstab 1:29 wird gelegentlich eingesetzt.

HO

1:87

16,5 mm

Hochbetrieb im Stadtbahnhof

Die Bahnsteige mit vielen, meist selbst gebauten Details

Rechts ein Blick vom Dach des Hauptbahnhofs auf die „nordwestliche" Seite der Anlage. Im Hintergrund, jenseits der Straßenbrücke, erkennt man das Stellwerk und die Containerverladung. Der Gleiswechselbetrieb erlaubt die in Bildmitte zu sehende Paralleleinfahrt! Am linken Bildrand erkennt man, dass mehrere Häuser in Halbreliefbauweise erstellt wurden.

Die Oberleitung entstand mithilfe von Sommerfeldt-Teilen. Als Fahrdraht fungiert, nach vielen Versuchen, ein Bronzedraht von 0,3 mm Stärke.

Es gibt Modellbahner, die der Meinung sind, nach dem Ende der Epoche III und dem letzten Schnaufer der Dampfloks habe es keine Eisenbahn mehr gegeben – jedenfalls nicht wirklich. Dass dies nicht so ist, beweist die Anlage von Ferdi Jaegers, deren Keimzelle zwar schon vor 34 Jahren entstand, die jedoch stets den zeitnahen Bahnbetrieb dokumentiert.

Nach einer ganzen Reihe von Versuchen auf den verschiedenen Gebieten des Eisenbahn-Modellbaus (Gleis-, Gebäude-, Signal- und Landschaftsbau) fühlte sich Ferdi Jaegers einigermaßen sattelfest. Nun begann die Suche nach dem Motiv seiner zukünftigen Anlage – genauer: nach dem Bahnhof, seinem Umfeld und seinem Betrieb.

1954 hatte er die Gelegenheit, die große Baustelle des damals neuen Heidelberger Hauptbahnhofs zu besichtigen. Wenig später kam er an jenes Heft, welches zur Eröffnung ebendieses Bahnhofes von der DB herausgegeben wurde. Dieser Bahnhof war damals das Neueste und Modernste – und es war das, was er suchte. Die moderne Bahn, damals wie heute, hat ihn immer mehr fasziniert als die Eisenbahn von gestern.

Es ging also los mit der Planerei und bald zeigte es sich, dass unendlich viele Kompromisse einzugehen waren. Aber welchem Modellbahner ist das nicht bekannt? Ferdi Jaegers wollte die weitere Entwicklung seines Vorbildbahnhofs auch auf seiner Modellbahn durch die folgenden Jahrzehnte verfolgen und nachvollziehen – natürlich mit einer gewissen gestalterischen Freiheit. Heute nun befindet sie sich – nach dem Beginn in der Epoche III – in der Epoche V. Das Konzept, nur eine Anlage zu bauen und diese stets zu aktualisieren, schützt vor Langeweile. Die Trennung von den Fahrzeugen der jeweiligen Epoche fiel nicht besonders schwer, weil es neue gab und weil natürlich besonders charakteristische Exemplare ihrer Zeit behalten wurden – für gelegentlichen „Museumsbetrieb".

Das Anlagenkonzept

Der Name der Modellstadt „Heidelheim" entstand aus der Verbindung der Städtenamen Heidelberg und Mannheim. Da der Reisezugverkehr also überwiegt, nimmt der Personenbahnhof mit der zugehörigen Abstellgruppe und dem Bw den meisten Raum der Anlage ein. Der Güterverkehr wird auf einer Strecke um den Personenbahnhof herumgeführt um ihn zu entlasten. An jede Kehrschleife, in die die drei zweigleisigen abgehenden Strecken münden, ist eine versteckte Abstellgruppe von mindestens zehn Gleisen angeschlossen. Einschließlich der S-Bahn-Linie, die als Ringstrecke angelegt ist, können so 33 Züge unter der Anlage geparkt werden.

Die Anlage hat die „An der Wand lang"-Bauform mit dem Arbeits- und Bedienungsplatz in der Mitte. Die Raumgröße beträgt 5 x 6 m. Von Anfang an wurde bei der Planung Wert darauf gelegt, dass schnelle und flüssige Betriebsabläufe möglich sind, mit großen Radien und schlanken Weichen. Aus diesem Grund liegt der Bahnhof auch in einer Kurve mit einem mittleren Radius der Bahnsteiggleise von zwei Metern. Die ganze Anlage ist im sichtbaren Teil mit einer filigranen Oberleitung ausgestattet – wie auch der neue Heidelberger Bahnhof von Anfang an elektrifiziert wurde und das Interesse von Ferdi Jaegers im besonderen Maß den Elloks galt und immer noch gilt.

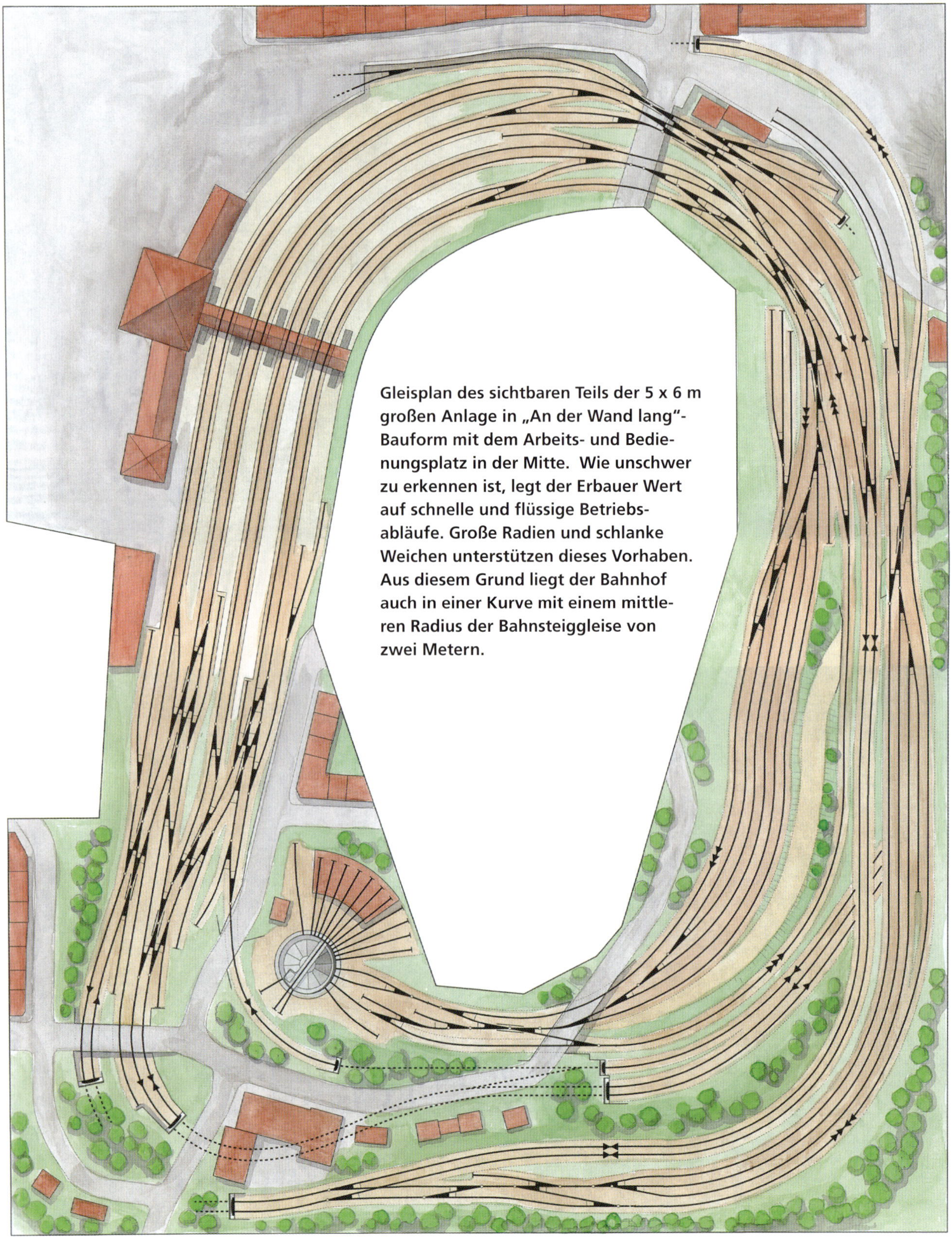

Gleisplan des sichtbaren Teils der 5 x 6 m großen Anlage in „An der Wand lang"-Bauform mit dem Arbeits- und Bedienungsplatz in der Mitte. Wie unschwer zu erkennen ist, legt der Erbauer Wert auf schnelle und flüssige Betriebsabläufe. Große Radien und schlanke Weichen unterstützen dieses Vorhaben. Aus diesem Grund liegt der Bahnhof auch in einer Kurve mit einem mittleren Radius der Bahnsteiggleise von zwei Metern.

Eine Gesamtansicht des „südöstlichen" Gleisfeldes des Personenbahnhofs. Links im Bild die noch nicht ganz fertig gestellte S-Bahn-Strecke.

Der Unterbau

In der Tat ist für eine Anlage, die auf eine lange Lebensdauer angelegt ist, der stabile und gut durchdachte Unterbau im wahrsten Sinne des Wortes „überlebenswichtig" – hier zu sparen rächt sich später ganz sicher. Der ganze Unterbau ruht auf Holzstützen aus verleimten Dachlatten. Die Dachlatten, wie alle beim Anlagenbau verwendeten Hölzer, kommen vom Schreiner, der über ein großes Lager gut abgelagerter Holzwerkstoffe verfügt. – Holz, welches sich verzieht, macht noch so sorgfältig gebaute Gleise und Weichen unbrauchbar.

Die Stützen tragen verschiedene Lattenroste aus gehobelten Dachlatten, die die unterschiedlich hohen Ebenen der Abstellgruppen und die tiefsten Punkte der Anlage bilden. Auf die Ebenen der Abstellgruppen, die durch Wendel mit einer maximalen Steigung von 3,5 % und Radien von mindestens 800 mm nach oben zum sichtbaren Teil der Anlage verbunden sind, wurde die Konstruktion des sichtbaren Anlagenteils aufgebaut – auch hier wieder als Lattenkonstruktion. Den äußeren Rahmen dieser Lattenkonstruktion bildeten gehobelte Hölzer 20 x 1,5 cm. Die darin liegenden Quadrate entstanden aus gehobelten Dachlatten mit einem lichten Maß von 45 x 45 cm. Als eigentliche Gleisunterlage dienen 20 mm starke Tischler- und Spanplatten.

Gleise, Signale, Fahrleitung

Die Gleise (Meterware von Peco und Roco) liegen auf einer Korkbettung von 4 mm Stärke, welche mit feinen Nägelchen auf den tragenden Platten oder Trassenbrettchen befestigt wurde. Auf die Korkunterlage nagelte Ferdi Jaegers dann die Flexgleise, die anschließend eingeschottert wurden. Die Weichen der Abstellgruppen unter der Anlage stammen von Peco, während alle übrigen Weichen, Kreuzungen und Kreuzungsweichen im Eigenbau entstanden und entstehen.

Natürlich haben die Weichen und Gleise Attrappen von elektrischen Antrieben und Kabelverschlusskästen etc. Früher musste man diese Dinge selbst herstellen, heute liefert sie das Programm von Erbert. Angetrieben werden die Weichen durch die Motorantriebe von Fulgurex, die sich bestens bewährt haben.

Als Ferdi Jaegers Mitte der Sechzigerjahre mit dem Aufbau seiner Anlage begann, waren die angebotenen Signale absolut unmaßstäblich oder die Anordnung der Lichtpunkte entsprach in keiner Weise der des Vorbilds. Seit dem Erscheinen von Leuchtdioden und Microbirnchen baut er daher alle Signale, auch die Zwergsignale, exakt im Maßstab 1:87 selbst – mit allen zugehörigen Zusatzanzeigen für Ziel, Geschwindigkeit, Gleiswechsel und mehr.

Nicht ganz so gravierend wie bei den Signalen waren die Änderungen bei der Fahrleitung, wenn auch hier so manches heute beim Vorbild anders aussieht als wie vor 30 Jahren. Schon damals gab es die bekannte Fahrleitung von Sommerfeldt, wenn auch mit Fahrdrähten von 0,7 mm

Durchmesser. Da Ferdi Jaegers aber auf keinen Fall ein Netz von „Wasserleitungsrohren“ über seinen Gleisen sehen wollte, überspannte er den gesamten sichtbaren Teil der Gleisanlagen mit Bronzedraht von 0,3 mm Stärke. Die Turmmasten entstammen nach wie vor dem Angebot von Sommerfeldt. Nur die Turmmasten auf den Bahnsteigen hat er aus Messingstangen auf einer größeren Drehbank ausgearbeitet, weil in Heidelberg diese Bauform noch heute zu finden ist. Die Streckenflachmasten entstehen mithilfe der Ätztechnik im Eigenbau, weil die auf dem Markt angebotenen Modelle Ferdi Jaegers nicht maßstäblich genug sind und ihn in ihrer Dicke eher stören.

Da der Fahrdraht ziemlich kräftig mit Radspannwerken abgespannt wird – teils beidseitig, teils einseitig, je nach Länge der Spannfelder –, müssen die Masten ebenso wie die Kleinteile für die Fahrdrahtaufhängung ziemlich stabil sein. Bei der nötigen Filigranität der Teile ein ziemlich schwieriges Unterfangen, aber es funktioniert gut. Diese sehr feine Fahrleitung führt keine Spannung (dazu ist sie zu dünn), aber seit vielen Jahren wird mit angelegten Pantographen und leicht geschwächten Federn Betrieb gemacht.

Für die verschiedenen Aufgabenbereiche stehen eine Reihe von Spannungen und Stromarten zur Verfügung. Es gibt Wechselstrom von 14 V für die Beleuchtung und die Weichenantriebe (Motorantriebe über Dioden), Gleichstrom von 16 und 24 V für den Betrieb von ca. 600 Relais (incl. Fahrstraßenrelais).

Gefahren wird mit 14 V Gleichstrom und mit Geräten der Firmen Fleischmann, Trix, MCR und Gebhard. Digitalbetrieb ist nicht vorgesehen, was aber keine Wertung darstellen soll. Bis jetzt wurden über sechs Kilometer „Strippen“ verlegt. Gesteuert werden alle Schaltvorgänge von einem Drucktastenstellpult über Fahrstraßenrelais.

Fahreigenschaften und Betrieb

Die Fahrzeuge, ganz besonders aber die Loks, stehen zu Recht im Mittelpunkt des Interesses der meisten Fans unseres Hobbys. Die Loks auf Ferdi Jaegers Anlage repräsentieren einen Querschnitt aktueller Maschinen von heute. Die Zahl der Elloks überwiegt bei weitem. Es folgen moderne Dieselloks – und für einen nachgestellten Museumsbetrieb gibt

Das große Bild zeigt die „nordwestliche" Bahnhofsausfahrt, jedoch aus genau der entgegengesetzten Blickrichtung wie im ersten Bild auf S. 144/145. Die nur eingleisige Umfahrung des Personenbahnhofs erfordert die gelegentliche Führung von Güterzügen durch den Personenbahnhof.

Oben passiert ein Interregio eine Gleisbaustelle.

Die sehr filigrane Fahrleitung verdeckt den Blick auf die Gleise nicht. In der Bildmitte sind Zusatzanzeiger am Lichtsignal gut zu erkennen.

es noch ein paar Dampfloks. Die Farbgebung der Fahrzeuge wird ständig aktualisiert, sei es durch Umspritzen oder durch Verkauf älterer Farbgebungen nebst Ersatz durch aktuelle Farben.

Der vorbildorientierte Betrieb hat für Ferdi Jaegers höchste Priorität. Wegen des oft mangelhaften Fahrverhaltens vieler Triebfahrzeuge hat er sich intensiv mit dem Bau von Antrieben und Fahrwerken beschäftigt. Es war ein langer, nicht gerade billiger und oft mühsamer Weg, bis er Antriebe bauen konnte, die sehr hohen Ansprüchen gerecht werden. Mehr als 40 seiner 55 Loks haben heute selbst gebaute Antriebe.

Zudem verfügen alle Triebfahrzeuge über eine Schwungmasse. Sie erlaubt einen Auslauf von mind. 60 cm aus der Höchstgeschwindigkeit. Rangiermaschinen laufen deutlich weiter aus.

Besondere Vorkehrungen waren bei den Kupplungen zu treffen. Da der Personenbahnhof in einer Kurve liegt, wenn auch mit ziemlich großem Radius, ist ein sicheres Kuppeln mit den auf dem Markt befindlichen Kurzkupplungen nicht möglich. Die geschlossenen Reisezuggarnituren fahren in sich kurzgekuppelt und haben an den Enden zurückversetzte Haken-Bügel-Kupplungen von Roco. Auch bestimmte Einzelwagen haben diese Kupplungsart, während die Loks über Kupplungen verfügen, bei denen der Fangbügel in einen Vorentkupplungsbügel umgebaut wurde. So können die Loks Züge, Wagen und Wagengruppen vorentkuppelt in die vorgesehenen Positionen bringen.

Es findet – der Dominanz des Personenbahnhofs folgend – vor allem ein intensiver Reisezugverkehr statt. Die eingesetzten Zugkompositionen entsprechen den Zügen, welche heute auf großen Bahnhöfen anzutreffen sind. Die meisten Kompositionen (bis zu zehn maßstäbliche Reisezugwagen) sind zwei oder mehrfach vorhanden um Anschlusszüge, Linienverknüpfungen und Flügelbildungen nachvollziehen zu können.

Gelände und Stadtlandschaft

Der viel zitierte Ausspruch, dass zuerst das Gelände da war und dann erst die Bahn kam, trifft nur im Großbetrieb zu. Würde man dies jedoch konsequent auf die H0-Baugröße übertragen, dürfte es eigentlich in diesem Maßstab gar keine Bahnhöfe geben – jedenfalls keine Stadtbahnhö-

„Südöstliche“ Ausfahrt des Bahnhofs „Heidelheim“ (gebildet aus Heidelberg und Mannheim). Der einfahrende Schnellzug kommt von der nicht elektrifizierten Strecke. Im Bild links sieht man noch einen kleinen Teil des Bw's. Auf der Anlage finden sich auch Sonderbauformen von Fahrleitungsmasten, so wie in der Mitte der rechten Bildhälfte.

Im Hintergrund fährt gerade ein Güterzug in den Containerbahnhof ein. Da die Umfahrungsstrecke des Personenbahnhofs eingleisig ist, können so Kreuzungen stattfinden. In der Bildmitte sieht man einen Zug der „Rollenden Landstraße“.

Auf den Einsatz von Altbau-Elloks muss nicht verzichtet werden; für „Nostalgiefahrten“ steht auch eine E 94 bereit (ganz rechts).

fe auf den Anlagen durchschnittlicher Größe. Nun ist aber gerade der Bahnhof für den Betriebsfan der Mittelpunkt und daher entstanden auch bei Ferdi Jaegers das Gelände und die Gebäude um die Bahn herum überwiegend erst nach dem Gleisbau.

Trotz der vielen Gleise blieb noch einiges an Platz für die Geländedarstellung mit überwiegend städtischem oder stadtnahem Charakter. Die Gebäude entstanden ganz überwiegend als Selbstbau aus Polystyrolplatten. Gerade die manchmal etwas „niedlichen“ Gebäudenachbildungen der Großserienhersteller lassen eine Modellbahn eher ein wenig spielzeughaft erscheinen. Es fällt wohltuend ins Auge, wenn neben maßstäblichen Fahrzeugen ebensolche Gebäude zu finden sind.

Ferdi Jaegers hat seine Vorbilder in diversen Städten angesehen, fotografiert und soweit möglich vermessen. Danach erstellte er die Pläne für den Nachbau. Seit einigen Jahren sind in vielen Geschäften des Hobbybedarfs Polystyrolplatten verschiedener Stärke ebenso wie Profile aus diesem Material gut zu bekommen. Das Bauen mit diesem Material macht Spaß und bringt gute Ergebnisse, da es sich hervorragend verarbeiten lässt. Auch Gehwege, Bahnsteige und Mauern bestehen auf seiner Anlage überwiegend aus Polystyrol.

Die meisten Kleinteile – Lampenmasten, Geländer, Zäune, sämtliche moderne Bahnsteigausstattung – lötet er aus Metall zusammen, weil allzu feiner Kunststoff nach einigen Jahren beim Entstauben leicht zerbricht.

In diese Richtung zielt auch Ferdi Jaegers' abschließender Vorschlag: Wann immer Sie sich etwas für Ihre Anlage oder Ihr Diorama wünschen, das käuflich nicht zu erwerben ist, versuchen Sie den Selbstbau. Wenn auch der erste, der zweite oder selbst der dritte Versuch noch nicht hundertprozentig glücken mag – früher oder später wird es klappen und die sich dann einstellende Freude lohnt sich allemal.

Anlagen-Steckbrief

Spurweite:	**H0**
Baumaßstab:	**1:87**
Anlagengröße:	**5,00 x 6,00 m**
Thema:	**Personenverkehr nach Vorbild des Heidelberger Hauptbahnhofs**
Rollmaterial:	**alle H0-Anbieter**
Gleismaterial:	**Peco, Roco, Selbstbau-Weichen**
Epoche:	**IV – V**

N

1:160

9 mm

Utopia und Futura: Moderner als die Gegenwart

Fotos: Gerhard Peter, Paul de Groot

Die niederländische Modellbahngruppe „'s-Hertogenbosch" wollte sich bei der Darstellung des Eisenbahnverkehrs nicht einfach nur mit dem heutigen Ist-Zustand begnügen. Vielmehr entwickelte man ein detailliertes Konzept, wie urbanes Leben – und damit auch der Transport von Menschen und Waren – in der Zukunft aussehen könnte.

„Mit N in die Zukunft", wie diese N-Modelleisenbahnanlage ursprünglich hieß, entstand 1992 auf Anregung einiger Mitglieder der Modelleisenbahngruppe 's-Hertogenbosch. Obwohl sie natürlich auch Dampf- und Diesellokfans sind, haben sie großes Interesse an den modernsten Bahnepochen und an der Zukunft des Schienenverkehrs.

Wesentliche Elemente des Themas sind Hochgeschwindigkeitszüge, wie sie jeder kennt: der deutsche ICE, der japanische Shinkansen, der spanische AVE, die französischen TGV und Thalys oder der „Tunnelzug" Eurostar. Diese Hochgeschwindigkeitszüge fahren nicht über kurvenreiche Mittelgebirgsstrecken, sondern jagen blitzschnell durch Tunnels und über hochgebaute gerade Gleise. Für den Hochgeschwindigkeitszug bedeutet jede Steigung eine Verzögerung, jede zu enge Kurve eine Abnahme der Geschwindigkeit. Deshalb wurden auf der Anlage möglichst große Kurven mit Radien von mindestens 1000 mm vorgesehen.

Die Modellanlage wurde auf je sechs Tischen von 150 x 100 cm und von 150 x 60 cm gebaut. Diese Tische sind in einem Viereck aufgestellt, sodass in der Mitte ein Raum von 60 x 100 cm frei bleibt für die elektronische Steuerung der Anlage. Mehr als die Hälfte der Gleise wurde verdeckt angelegt. So entsteht der Effekt, dass Züge längere Zeit außer Sichtweite bleiben, wodurch die Zuschauer den Eindruck bekommen, dass diese Züge tatsächlich lange Strecken zurücklegen. Um diesen Eindruck zu verstärken wurde auch der Schattenbahnhof den Blicken entzogen.

Der Bahnhof „Futura" hat sechs Gleise. Vier liegen an den zwei Inselbahnsteigen. Die beiden anderen Gleise können als Ablauf- oder Abstellgleis dienen. Links von „Futura" gibt es die Hügellandschaft „Moonhill", wo die Züge in Tunnels verschwinden. Rechts von „Futura" gibt es ein kleines modernes Wohnviertel „Tomorrow Village", wo die Züge in den Tälern verschwinden ohne der Landschaft zu schaden. Auf der gleichen Seite gibt es zwei Abzweige zum Gewerbegebiet. Der andere Bahnhof, „Utopia", liegt in

Utopia – die Architektur der Zukunft? Himmelhoch ragen Wolkenkratzer in die Luft, während am Boden nur noch Schnellverkehr auf der Schiene stattfindet.

Der Verkehr auf der Anlage gliedert sich in zwei Bereiche. In dem einen liegt der Bahnhof „Utopia", in dem anderen der Bahnhof „Futura" (links).

Sky City 1000 und wurde diagonal aufgestellt, ebenfalls mit sechs Gleisen, von denen vier an Bahnsteigen entlang verlaufen.

Die Zukunftsidee

Das Konzept der Erbauer sollte aber auch zu anderen Zukunftsfragen Antworten geben. Auf welche Weise werden die Städte des Projekts mit Energie versorgt? Wie wird man sich in Zukunft fortbewegen? Wie werden Güter transportiert? Wie sieht eine neuzeitliche Stadt eigentlich aus? Über die Energieversorgung waren sie sich natürlich bald einig. Wind- und Sonnenenergie brachten die Lösung. Die Gebäude wurden größtenteils mit Solarzellen ausgestattet, die für jedes Gebäude und das umliegende Gebiet genug Elektrizität erzeugen. An der Peripherie der Stadt wurden Windmühlen gebaut für zusätzliche Energie. In Bergflüssen wurden kleine Kraftwerke aufgestellt, die Strom erzeugen. Auf die Straßenlaternen kamen Solarzellen, die in einem Akku genügend Energie speichern um nachts die Straße zu beleuchten.

Aber was war zu tun mit den vielen Abgasen der Fahrzeuge in dieser Stadt? In eine Zukunftsidee passen natürlich keine brennstoffangetriebenen Fahrzeuge. Alle Privatautos wurden in die Vergangenheit zurückgeschickt. In der Zukunft benutzt der Reisende nur noch den Hochgeschwindigkeitszug, die Straßenbahn, die U-Bahn, elektrische Autobusse und kleine gemeinschaftliche elektrische Autos. Wartezeiten von mehr als zwei Minuten kommen nicht mehr vor.

Die Städte

Aus aller Welt forderten die Erbauer Baupläne von futuristischen Gebäuden an. Viele davon waren zu groß, aber mit einigen Kompromissen entstand schließlich eine schöne futuristische Stadt. So ist das Bahnhofs-

Im Konzept der Anlage gehört Solarenergie zu den wichtigsten Stromlieferanten. Daher bot es sich an, ein Solarsegel, wie es in den Niederlanden bereits existiert, aus Messingdraht und Kunststoffplättchen in 1:160 nachzubauen und aufzustellen (rechts).

Die beiden Pylone auf dem Dach der Bahnhofshalle bilden einen besonderen Akzent. Ihre Last wird wie bei einer Brücke über schräg geführte Zugseile aufgefangen (links oben). Darunter zwei moderne Wohnkomplexe. Die Reihenhaussiedlung ist kein Fantasiegebilde, sondern entstand aus Poystyrol nach dem Vorbild schon existierender Gebäude. Daneben ein weiteres modernes Bauwerk zu Wohnzwecken. Hier wurde die auch schon längere Zeit aktuelle Terrassen-Architektur fortgeführt.

Anlagen-Steckbrief

Spurweite:	N
Baumaßstab:	1:160
Anlagengröße:	9,00 x 1,60 m
Thema:	Schienen- und Stadtverkehr in der Zukunft
Rollmaterial:	Minitrix, Fleischmann, Kato, Jouef, Selbstbau
Gleismaterial:	Peco, Roco
Epoche:	VI

gebäude viel größer geworden, als ursprünglich geplant, aber es entspricht allen Anforderungen der Zukunft. Mit Fahrstühlen gibt es Anschlüsse an U- und Straßenbahn sowie an den zentralen Parkplatz und die Bushalle. An der Vorderseite gibt es eine Haltestelle für den Magnetzug.

Außer den Einrichtungen für den Personenverkehr gibt es eine Güterhalle, in der Container gelagert werden können. Auf vier drei Meter langen Bahnsteiggleisen können Passagiere und Güter „umgeschlagen" werden. Der ganze Bahnhofskomplex wäre groß und flach geblieben, hätten sich die Erbauer nicht für die Errichtung zweier Türme mit Geschäften, Hotels und Wohnungen auf dem Bahnhof entschieden.

An der Stadtseite gibt es einen ziemlich großen Bahnhofsplatz mit vielen Grünanlagen und nur einigen Straßen, denn 75 Prozent des Verkehrs zu den Stadtteilen und den Nachbardörfern findet mit Straßenbahn und U-Bahn statt. Es gibt auf dem Bahnhofsplatz auch ein aus Solarzellen aufgebautes Kunstwerk. Genau unter dem Bahnhof befindet sich ein geräumiger U-Bahnhof, wo alle zwei Minuten ein Zug hält. Die Straßenbahnhaltestelle für die Verbindung mit den Außenvierteln ist in das Bahnhofgebäude integriert.

Die Zukunft

Auch innerhalb dieses Projekts wird es eine Zukunft geben. Die Städte erhalten nach einiger Zeit immer mehr moderne Gebäude oder gar einen neuen Stadtplan. Es könnte eine unterirdische Stadt entstehen oder eine Siedlung, die auf Pfählen im Wasser steht. Der Verkehr bleibt jedoch der Hauptbestandteil dieses Projekts und sobald es dafür Anlässe gibt, nehmen die Erbauer Änderungen vor: Eine Magnetschwebebahn entsteht, kleine Hybridautos fahren von einer Stadt zur anderen. In Wirklichkeit steht die Zeit nicht still und so wird sich auch „Utopia" weiterentwickeln.

Fotos: Martin Knaden

0

1:43,5

32 mm

Bf Hamburg-Harburg in Spur 1

Der Verein Modelleisenbahn Hamburg e.V. (MEHEV) betreibt im Museum für Hamburgische Geschichte eine bemerkenswerte Spur-1-Anlage. Am Beispiel des Bahnhofs Harburg und des Hamburger Hauptgüterbahnhofs lässt sich demonstrieren, wie der Betrieb bei der Eisenbahn so abläuft. Das Motto der Vorführung lautet: „90 Jahre Eisenbahngeschichte".

Als am 7. Oktober 1949 die große Modelleisenbahnanlage im Museum für Hamburgische Geschichte in Betrieb genommen wurde, konnten die Gründungsmitglieder der Modellbahn Hamburg e.V. endlich über die Eisenbahn informieren und für sie werben; die Erfüllung dieses Wunsches hatte 20 Jahre auf sich warten lassen.

Die Anfänge

Ende der Zwanzigerjahre baute eine Gruppe Hamburger Gymnasiasten ihre Spur-1-Bahnen zu Weihnachten gemeinsam reihum in einem der elterlichen Wohnzimmer auf. Schließlich musste man für diesen Zweck Gaststättensäle anmieten.

Der „Sprung an die Öffentlichkeit" gelang, als die Hamburger Schulbehörde den lehrreichen Charakter solcher Veranstaltungen erkannte und daraufhin Turnhallen, Zeichensäle usw. zur Verfügung stellte. Im November 1931 kam es zur Gründung eines Vereins; es entstand die erste feste Anlage mit dem Thema „Göttingen". Während der Kriegsjahre ruhte der Modellbahnbetrieb. Die Anlage überstand diese schwierige Zeit mit leichten Beschädigungen, allerdings gingen einige der ausgelagerten Loks verloren.

Die Modellbahnanlage

Im Jahre 1946 wurde der langjährige Vorsitzende des Vereins Modelleisenbahn Hamburg e.V., Prof. Walter Hävernick, Direktor des Museums für Hamburgische Geschichte. Er hatte noch während des Krieges eine Schrift über ein Hamburgisches Verkehrsmuseum verfasst, dessen Kernstücke einerseits ein Museumsbahnbetrieb und andererseits eine große Modellbahnanlage sein sollten.

Für die neu zu bauende Modellbahn konnte ein Saal des Museums zur Verfügung gestellt werden. Als Vorbild wurde der Bahnhof Hamburg-Harburg gewählt, weil man an diesem Beispiel alle Funktionen der Eisenbahn zeigen konnte. Der Bf Harburg verfügte über einen großen Personenbahnhof, in dem verschiedene Strecken zusammenliefen, weiterhin einen Rangierbahnhof, eine örtliche Güteranlage und ein Bahnbetriebswerk. Zugleich sollte am Hauptgüterbahnhof/Kai ein Direktumschlag zwischen Bahn und Schiff gezeigt werden.

In nur zwei Jahren wurde die Spur-1-Anlage erstellt. Bei der Eröffnung kam es zu dem unter Modellbahnern bekannten und gefürchteten „Vorführeffekt": es ging zunächst nichts. Doch danach erwies sich die Anlage als sehr zuverlässig und konnte mehr als 40 Jahre ohne einen technisch bedingten Ausfall vorgeführt werden.

Im Frühjahr 1994 legte ein Kurzschluss einen großen Teil der Hamburger Anlage lahm. Vorführungen

Thema der großen Spur-1-Anlage im Museum für Hamburgische Geschichte ist der Bahnhof Harburg. Das Empfangsgebäude in Insellage ist – wie in Wirklichkeit – über Fußgängerbrücken zugänglich.

Links ein Eindruck vom Bahnhofsvorfeld des Bahnhofs Harburg, rechts ein Blick in eine unterirdische Station der Hamburger S-Bahn.

Erhöht steht der Leitstand der Vorführanlage, davor erkennt man die charakteristische Harburger „Pfeilerbahn“, die hier bereits mit Oberleitung überspannt ist.

Spur 1 im Museum für Hamburgische Geschichte

- Holstenwall 24
  20355 Hamburg
  Tel.: 040/42841-2380; Fax: 040/42843-3103
  E-Mail: info@HamburgMuseum.de
  http://www.HamburgMuseum.de
- Öffnungszeiten
  Dienstag bis Samstag 10 bis 17 Uhr

Sonntag 10 bis 18 Uhr

- Die Modelleisenbahn ist täglich zu den Vorführzeiten geöffnet.
  Die Vorführungen beginnen um 11, 12, 14 und 15 Uhr, sonntags zusätzlich um 16 Uhr. Dauer ca. 25 Minuten.

konnten erst wieder ab Dezember 1994 wenigstens auf einem Teilstück der Spur-1-Anlage durchgeführt werden. Es zeigte sich, dass viele Teilstücke der Anlage einfach verschlissen waren! Auch die Fahrzeuge mussten zum Teil in einem aufwändigen Verfahren aufgearbeitet werden; immerhin hatten einige Loks bereits rund 6000 km zurückgelegt. Anfang 1995 schließlich verlangte ein Brandschutzgutachten, dass praktisch die gesamte Verkabelung erneuert werden musste. Damit war der Fortbestand der Anlage akut gefährdet! Mangels Einnahmen mussten sogar die beiden Angestellten entlassen werden.

Der Neubeginn

Dem Engagement vieler Vereinsmitglieder und dem publizistischen Echo, das zu einer kräftigen Anschubfinanzierung führte, ist es zu danken, dass die Anlage schließlich überarbeitet werden konnte und noch heute besteht.

Im Rahmen dieser Arbeiten wurden alle alten Gleise durch vorbildlichere, neue ersetzt. Damit war die Umstellung vom ursprünglichen Dreileiter-Wechselstrom- auf das Zweileiter-Gleichstromsystem verbunden, außerdem ergab sich die Notwendigleit, alle einzusetzenden Fahrzeuge entsprechend umzurüsten. Für die Steuerung der Anlage fand das PC-gestützte System der Firma Gahler & Ringstmeyer Verwendung. Es ermöglicht einen automatischen Ablauf bei den Vorführungen. Im Dezember 96 konnten endlich die Vorführungen mit 16 Zügen auf etwa 40 % der Gleisanlagen wieder beginnen.

Große Bedeutung kommt bei den Vorführungen dem Güterverkehr zu. Im Bild oben geht es um den Umschlag zwischen Bahn und Schiff. Die eingesetzten Triebfahrzeuge und Zuggarnituren verkehren nicht „epochenrein", sondern sollen einen Querschnitt durch „90 Jahre Eisenbahngeschichte" (Motto der Ausstellung) geben. Etwa 80 % der Fahrzeuge sind Einzelanfertigungen, sie legen jährlich rund 130 km auf den Gleisen der Spur-1-Anlage zurück.

Es wurden wieder zwei Mitarbeiter eingestellt. Insgesamt konnten bis heute 55 Triebfahrzeuge aufgearbeitet werden. Zum Jubiläum im Oktober 1999 konnten weitere wesentliche Teile der Spur-1-Anlage wieder in Betrieb genommen werden: der Hauptgüterbahnhof und der Bahnhof Cuxhaven mit seiner Anschlussstrecke. Die Oberleitung ist weitgehend fertig gestellt. Die PC-Steuerung lässt es zu, dass mehr Züge als jemals zuvor während einer Vorführung gezeigt werden.

Der Fahrplan der Vorführungen vor dem Zusammenbruch der Elektrik war auf einem Tagesablauf im Bf Harburg aufgebaut. Im Gegensatz dazu lautet das heutige Thema: „90 Jahre Eisenbahn-Geschichte", also vom preußischen Abteilwagen bis zum ICE sowie passenden Zugzusammenstellungen im Güterverkehr.

Angesichts leerer öffentlicher Kassen hat die Kulturbehörde ihre Zuwendungen gekürzt. Seit Oktober 1999 wurde die Zusammenarbeit mit dem Museum den Erfordernissen angepasst: Seitdem wird kein zusätzlicher Eintritt mehr erhoben.

Anlagen-Steckbrief

Spurweite:	45 mm
Baumaßstab:	1:32
Anlagengröße:	500 qm
Thema:	Bf. Hamburg-Harburg, „Pfeilerbahn" vor Hamburg Hbf.
Rollmaterial:	Märklin, Bockholt, Eigenbauten
Gleismaterial:	Märklin, Hegob
Epoche:	II – V

Der Fahrplanbetrieb (PC-Steuerung von Gahler & Ringstmeyer) führt uns – vorbei am Stellwerk Heg, wieder zum Ausgangspunkt, dem Bf Harburg, zurück. Wie im Original sind auch die Gleise dieses Bahnhofs mit Fahrdraht überspannt. Viele kleine Szenen sorgen für eine abwechslungsreiche Gestaltung.